广西高峰森林公园

观赏植物

刘 涛 陆湘云 主编

中国林业出版社

图书在版编目（CIP）数据

广西高峰森林公园观赏植物 / 刘涛, 陆湘云主编 . --北京：
中国林业出版社，2022.7

ISBN 978-7-5219-1768-0

Ⅰ.①广⋯　Ⅱ.①刘⋯②陆⋯　Ⅲ.①森林公园—观赏植物—
介绍—广西　Ⅳ.①S68

中国版本图书馆CIP数据核字（2022）第124971号

责任编辑：李　敏

出版　中国林业出版社（100009　北京市西城区刘海胡同 7 号）

　　　　http：//www.forestry.gov.cn/lycb.html　　　　电话：（010）83143575

印刷　北京雅昌艺术印刷有限公司

版次　2022 年 7 月第 1 版

印次　2022 年 7 月第 1 次印刷

开本　889mm×1194mm　1/16

印张　19

字数　486 千字

定价　198.00 元

《广西高峰森林公园观赏植物》
编委会

主　编： 刘　涛　　陆湘云

副主编： 于永辉　　范小虎　　岑巨延

编　委： 刘　涛　　陆湘云　　于永辉　　范小虎　　岑巨延　　禤俊卿

莫　凡　　陆艳武　　何　春　　蒙好生　　周以林　　卢中强

莫雅芳　　石驭天　　莫文希　　林国财　　伍禄军　　钟生桥

黄江丽　　岑　毅　　何其飞　　周　丽　　叶志敏　　刘秀媚

韦昌幸　　马利菠　　周红英　　李远江　　戴海军　　韦艳媚

屈　艳　　韦庆琳　　蓝　岚　　王家妍　　高信雄　　黄留鑫

秦新育　　刘琳琪　　林建勇　　彭定人　　廖世良　　封红梅

张明强　　覃亚丽　　张仕鹏　　张力罡　　周奇丰　　邓嘉成

庞　振　　农东红　　潘尚慧　　文　雯　　吴少玲　　黄晓棠

卢钦标　　李日凤　　黄权华　　李喜友　　钟志兴　　韦文骅

林　锋　　李锦华　　龙宣任

摄　影： 林建勇　　彭定人　　于永辉　　农　友　　秦新育　　刘琳琪

卢钦标　　罗正明　　李日凤　　邱煜明　　李常宪　　于军庆

序

　　植物是生态系统的初级生产者，深刻影响着地球的生态环境；森林是陆地生态系统的主体和重要资源，是人类生存发展的重要生态保障。2021年4月25日，习近平总书记到广西考察时，在全州县毛竹山村一棵800多年的酸枣树下指出，谈生态，最根本的就是要追求人与自然和谐。人类从森林中走出来，森林是永恒的绿色家园。亲近大美森林、探秘美丽植物，或在高高的山峰，或在深深的峡谷，或在与世隔绝的原始森林，或在融入生活的森林公园。

　　广西是我国南方重要生态屏障，分布的国家重点保护野生植物占全国总数的27.7%，有着"生物多样性天然宝库"的美誉。近年来，广西林业部门深入学习贯彻习近平生态文明思想及习近平总书记视察广西"4·27"重要讲话精神和对广西工作系列重要指示要求，加强野生动植物资源保护，扎实推进生物多样性保护，"植物活化石"资源冷杉、"植物界大熊猫"德保苏铁等濒危植物实现野外回归，全区森林覆盖率、森林生态服务价值、生物多样性丰富度均居全国第3位，桂西南石灰岩地区、南岭山地、沿海等地区被划定为全国35个生物多样性优先保护区域之一，已成为全球25个生物多样性重点区域之一。

　　森林公园，既可为保护生物多样性、实现人与自然和谐共生，增强民众保护森林、呵护自然、爱护生态的理念搭建载体，也可为创建天蓝、地绿、水净的美丽家园，满足人民群众对优质生态环境的需要提供供给。高峰森林公园是广西59家森林公园中的优秀代表，是全国最大的城市森林公园，集运动健身休闲、森林康养度假、科普文化体验为一体。公园内自然景观类型多样、植物资源丰富，生长有国家二级重点保护野生植物、号称"蕨类植物之王"的桫椤，还有在我国最古老的"中越友谊林"——灰木莲。公园内共有维管束植物836种，野生植物454种，俨然一座植物多样性的宝库和天然基因库。高峰林场组织编撰的《广西高峰森林公园观赏植物》一书，将园内具有观赏价值的500种植物以图文并茂的形式收录其中，对加强观赏植物科普研究、展示广西秀美多彩的植物景观、传播林业生态文化、唤起广大群众对植物保护的认识等具有重要价值和意义。

　　大自然是人类赖以生存发展的基本条件，尊重自然、顺应自然、保护自然，是全面建设社会主义现代化国家的内在要求。我们要始终坚持以习近平新时代中国特色社会主义思想为指导，切实将习近平生态文明思想内化于心、外化于行，一以贯之坚持人与自然和谐共生、一以贯之坚持绿色发展、一以贯之坚持绿水青山就是金山银山理念，持续加强生物多样性保护，持续提升社会公众保护意识，持续弘扬植绿护绿、关爱自然的传统美德，推动形成绿色低碳的生产方式和生活方式，共建绿色家园、畅享美好生活。

2022年7月

前　言

广西高峰森林公园位于南宁市西北郊，距离市中心11km，属南亚热带季风常绿阔叶林区域，独特的地理位置和气候条件，孕育了丰富的生物资源。公园内自然景观类型多样，保有类型丰富的林业科技示范展示试验林、天然次生林，植物资源十分丰富。据统计，公园内已调查记录有维管束植物836种，其中蕨类植物40种，裸子植物12种，被子植物784种；野生植物454种，引种栽培382种。属于国家重点保护野生植物的种类有红椿、紫荆木、金毛狗、福建观音坐莲等；属于广西重点保护野生植物的种类有美冠兰、线柱兰等。

"一花一世界，一木一浮生"，随着生态建设步伐的加快，城市绿化的不断发展，观赏植物越来越受到人们的青睐。为充分发掘高峰森林公园的观赏植物资源，解锁更多植物的奥秘，让这些美丽的植物走出深山，走进人们的视野，促进人与植物融合共生，广西壮族自治区国有高峰林场（简称"高峰林场"）历时两年，对广西高峰森林公园的观赏植物资源及园林利用情况进行了全面调查，并编撰完成了此书，以期为前来旅游观光和科学考察的人士提供方便，唤起大家对观赏植物的热爱，科学赏花，关注森林生态环境保护。

本书各论部分共收录广西高峰森林公园内的观赏植物454种（含变种、品种等种下等级），反映物种观花、观果、观叶价值的精美照片1000多张。每种植物均简明扼要地介绍其名称、学名、隶属科属、识别特征、来源与生境、花果期、观赏特性与用途等信息；此外，还尝试对每个物种的观赏价值进行评价，以"★"的数量多寡来表示该种的观赏价值高低，即数量越多，其观赏价值越高。附表中列出了森林公园内各游览路线和景点的主要观赏植物，为游人赏花提供指引。书后附有观赏植物的中文名索引和拉丁学名索引，为方便读者查阅。

本书各论收录的观赏植物排序，蕨类植物按秦仁昌1978年系统编排，裸子植物按郑万钧1977年系统编排，被子植物按哈钦松系统（1926年及1934年）编排，同一科的物种按属、种学名的字母顺序排列，以便亲缘关系相近的物种能够靠近。书中植物的学名和相关描述主要参考《中国植物志》和《广西树木志》，对形态特征描述有所精简。

在本书的编写过程中，得到了广西林业科学研究院安家成教授、广西植物研究所刘演研究员、广西大学和太平教授等专家学者的大力帮助与支持，他们不辞辛苦地审阅书稿并提出了很多宝贵的修改意见。此外，广西林业勘测设计院彭定人高级工程师和广西林业科学研究院林建勇高级工程师在本书的物种鉴定和资料提供方面给予帮助，广西中医药研究院农友工程师、南宁市青秀山风景名胜旅游区管理委员会李常宪工程师、南宁市花卉公园于军庆工程师在图片资料方面提供了帮助。在此，对他们的辛勤付出和无私帮助特致以衷心的感谢！

由于编者水平有限，书中难免有缺点和错误，竭诚希望广大读者批评指正。

编者

2022年3月

目　录

序
前　言

第一部分　广西高峰森林公园概况

一、公园简介 ·· 002
二、自然地理条件 ······································ 003
三、游览线路和主要景点 ······················ 006

第二部分　观赏植物各论

卷柏科 ············· 018
　江南卷柏 ········· 018
　翠云草 ············· 018
莲座蕨科 ········· 019
　福建观音座莲 ··· 019
蚌壳蕨科 ········· 020
　金毛狗 ············· 020
桫椤科 ············· 021
　桫椤 ················· 021
　黑桫椤 ············· 022
鳞始蕨科 ········· 023
　乌蕨 ················· 023
凤尾蕨科 ········· 023
　剑叶凤尾蕨 ····· 023
　半边旗 ············· 024
铁角蕨科 ········· 024
　巢蕨 ················· 024
乌毛蕨科 ········· 025
　疣茎乌毛蕨 ····· 025
　珠芽狗脊 ········· 025
肾蕨科 ············· 026
　肾蕨 ················· 026
骨碎补科 ········· 027
　圆盖阴石蕨 ····· 027

槲蕨科 ············· 027
　槲蕨 ················· 027
苏铁科 ············· 028
　苏铁 ················· 028
南洋杉科 ········· 028
　异叶南洋杉 ····· 028
杉科 ················· 029
　杉木 ················· 029
　落羽杉 ············· 030
罗汉松科 ········· 031
　竹柏 ················· 031
　兰屿罗汉松 ····· 031
　罗汉松 ············· 032
　小叶罗汉松 ····· 032
红豆杉科 ········· 033
　南方红豆杉 ····· 033
木兰科 ············· 033
　夜香木兰 ········· 033
　灰木莲 ············· 034
　白兰 ················· 035
　合果木 ············· 035
　含笑花 ············· 036
　香子含笑 ········· 036
　醉香含笑 ········· 037

观光木 ············· 038
紫玉兰 ············· 038
八角科 ············· 039
　八角 ················· 039
番荔枝科 ········· 040
　假鹰爪 ············· 040
樟科 ················· 041
　阴香 ················· 041
　樟 ··················· 041
　肉桂 ················· 042
　山鸡椒 ············· 042
毛茛科 ············· 043
　威灵仙 ············· 043
　禺毛茛 ············· 043
睡莲科 ············· 044
　莲 ··················· 044
　香睡莲 ············· 045
　柔毛齿叶睡莲 ··· 046
小檗科 ············· 047
　南天竹 ············· 047
胡椒科 ············· 048
　假蒟 ················· 048
三白草科 ········· 048
　蕺菜 ················· 048

金粟兰科 ………………… 049
　草珊瑚 ………………… 049
紫堇科 …………………… 049
　北越紫堇 ……………… 049
辣木科 …………………… 050
　辣木 …………………… 050
堇菜科 …………………… 051
　紫花地丁 ……………… 051
石竹科 …………………… 051
　石竹 …………………… 051
马齿苋科 ………………… 052
　大花马齿苋 …………… 052
　环翅马齿苋 …………… 052
　土人参 ………………… 053
蓼科 ……………………… 053
　火炭母 ………………… 053
商陆科 …………………… 054
　垂序商陆 ……………… 054
苋科 ……………………… 054
　锦绣苋 ………………… 054
　巴西莲子草 …………… 055
　青葙 …………………… 055
　鸡冠花 ………………… 056
酢浆草科 ………………… 056
　阳桃 …………………… 056
　酢浆草 ………………… 057
　红花酢浆草 …………… 057
凤仙花科 ………………… 058
　华凤仙 ………………… 058
　苏丹凤仙花 …………… 058
千屈菜科 ………………… 059
　细叶萼距花 …………… 059
　紫薇 …………………… 060
　大花紫薇 ……………… 061
　圆叶节节菜 …………… 062
石榴科 …………………… 062
　石榴 …………………… 062
小二仙草科 ……………… 063
　粉绿狐尾藻 …………… 063
瑞香科 …………………… 063
　土沉香 ………………… 063
紫茉莉科 ………………… 064
　三角梅 ………………… 064
　紫茉莉 ………………… 065

海桐花科 ………………… 065
　台琼海桐 ……………… 065
　海桐 …………………… 066
西番莲科 ………………… 067
　鸡蛋果 ………………… 067
　龙珠果 ………………… 067
秋海棠科 ………………… 068
　四季秋海棠 …………… 068
番木瓜科 ………………… 068
　番木瓜 ………………… 068
仙人掌科 ………………… 069
　胭脂掌 ………………… 069
山茶科 …………………… 069
　越南抱茎茶 …………… 069
　杜鹃叶山茶 …………… 070
　红皮糙果茶 …………… 071
　显脉金花茶 …………… 071
　山茶 …………………… 072
　油茶 …………………… 073
　金花茶 ………………… 074
　茶梅 …………………… 075
　茶 ……………………… 075
　木荷 …………………… 076
水东哥科 ………………… 076
　水东哥 ………………… 076
桃金娘科 ………………… 077
　红千层 ………………… 077
　柠檬桉 ………………… 078
　千层金 ………………… 078
　白千层 ………………… 079
　番石榴 ………………… 079
　桃金娘 ………………… 080
　乌墨 …………………… 080
　轮叶蒲桃 ……………… 081
　蒲桃 …………………… 081
　水翁蒲桃 ……………… 082
　洋蒲桃 ………………… 082
　金蒲桃 ………………… 083
玉蕊科 …………………… 084
　红花玉蕊 ……………… 084
野牡丹科 ………………… 084
　多花野牡丹 …………… 084
　地菍 …………………… 085
　野牡丹 ………………… 085

展毛野牡丹 ……………… 086
毛菍 ……………………… 087
朝天罐 …………………… 087
巴西野牡丹 ……………… 088
使君子科 ………………… 089
　使君子 ………………… 089
　小叶榄仁 ……………… 089
藤黄科 …………………… 090
　铁力木 ………………… 090
椴树科 …………………… 090
　破布叶 ………………… 090
　文定果 ………………… 091
杜英科 …………………… 091
　毛果杜英 ……………… 091
梧桐科 …………………… 092
　槭叶酒瓶树 …………… 092
　假苹婆 ………………… 092
　苹婆 …………………… 093
木棉科 …………………… 094
　木棉 …………………… 094
　美丽异木棉 …………… 095
锦葵科 …………………… 096
　美花非洲芙蓉 ………… 096
　木芙蓉 ………………… 096
　朱槿 …………………… 097
　木槿 …………………… 098
金虎尾科 ………………… 098
　金英 …………………… 098
大戟科 …………………… 099
　红背山麻杆 …………… 099
　秋枫 …………………… 099
　雪花木 ………………… 100
　洒金变叶木 …………… 100
　巴豆 …………………… 101
　紫锦木 ………………… 101
　红背桂 ………………… 102
　琴叶珊瑚 ……………… 103
　余甘子 ………………… 104
　蓖麻 …………………… 104
　山乌桕 ………………… 105
　乌桕 …………………… 105
　油桐 …………………… 106
　木油桐 ………………… 106

绣球科 ···················· 107
　常山 ···················· 107
　绣球 ···················· 107
蔷薇科 ···················· 108
　桃 ······················ 108
　钟花樱桃 ················ 109
　广州樱 ·················· 110
　月季花 ·················· 111
　金樱子 ·················· 112
　空心泡 ·················· 112
含羞草科 ·················· 113
　珍珠相思树 ·············· 113
　海红豆 ·················· 113
　细叶粉扑花 ·············· 114
　红绒球 ·················· 115
　红粉扑花 ················ 115
　南洋楹 ·················· 116
　含羞草 ·················· 116
云实科 ···················· 117
　红花羊蹄甲 ·············· 117
　羊蹄甲 ·················· 117
　洋紫荆 ·················· 118
　洋金凤 ·················· 118
　凤凰木 ·················· 119
　格木 ···················· 119
　短萼仪花 ················ 120
　中国无忧花 ·············· 121
　双荚决明 ················ 122
　望江南 ·················· 122
　黄槐决明 ················ 123
蝶形花科 ·················· 124
　蔓花生 ·················· 124
　木豆 ···················· 125
　大猪屎豆 ················ 125
　三尖叶猪屎豆 ············ 126
　猪屎豆 ·················· 126
　降香 ···················· 127
　假地豆 ·················· 127
　鸡冠刺桐 ················ 128
　比氏刺桐 ················ 129
　刺桐 ···················· 129
　白花油麻藤 ·············· 130
　大球油麻藤 ·············· 130
　花榈木 ·················· 131

海南红豆 ·················· 131
排钱树 ···················· 132
田菁 ······················ 132
葫芦茶 ···················· 133
白灰毛豆 ·················· 133
猫尾草 ···················· 134
紫藤 ······················ 135
金缕梅科 ·················· 135
　枫香树 ·················· 135
　红花檵木 ················ 136
　壳菜果 ·················· 136
　小花红花荷 ·············· 137
黄杨科 ···················· 137
　匙叶黄杨 ················ 137
杨柳科 ···················· 138
　垂柳 ···················· 138
杨梅科 ···················· 138
　杨梅 ···················· 138
壳斗科 ···················· 139
　红锥 ···················· 139
榆科 ······················ 139
　朴树 ···················· 139
桑科 ······················ 140
　波罗蜜 ·················· 140
　构树 ···················· 140
　高山榕 ·················· 141
　大果榕 ·················· 141
　垂叶榕 ·················· 142
　柳叶榕 ·················· 142
　印度榕 ·················· 143
　黄毛榕 ·················· 143
　榕树 ···················· 144
　'黄金'榕 ················ 144
　菩提树 ·················· 145
　笔管榕 ·················· 145
荨麻科 ···················· 146
　花叶冷水花 ·············· 146
冬青科 ···················· 147
　'龟甲'冬青 ·············· 147
　扣树 ···················· 147
　铁冬青 ·················· 148
檀香科 ···················· 148
　檀香 ···················· 148

葡萄科 ···················· 149
　乌蔹莓 ·················· 149
　异叶地锦 ················ 149
芸香科 ···················· 150
　细叶黄皮 ················ 150
　黄皮 ···················· 150
　小花山小橘 ·············· 151
　九里香 ·················· 151
橄榄科 ···················· 152
　橄榄 ···················· 152
楝科 ······················ 152
　小叶米仔兰 ·············· 152
　麻楝 ···················· 153
槭树科 ···················· 153
　鸡爪槭 ·················· 153
　'羽毛'槭 ················ 154
　中华槭 ·················· 154
漆树科 ···················· 155
　人面子 ·················· 155
　杧果 ···················· 155
　扁桃 ···················· 156
牛栓藤科 ·················· 156
　小叶红叶藤 ·············· 156
五加科 ···················· 157
　常春藤 ·················· 157
　幌伞枫 ·················· 157
　辐叶鹅掌柴 ·············· 158
　'花叶'鹅掌柴 ············ 158
　孔雀木 ·················· 159
伞形科 ···················· 159
　南美天胡荽 ·············· 159
杜鹃花科 ·················· 160
　锦绣杜鹃 ················ 160
　广西杜鹃 ················ 161
　杜鹃 ···················· 161
紫金牛科 ·················· 162
　朱砂根 ·················· 162
安息香科 ·················· 162
　拟赤杨 ·················· 162
马钱科 ···················· 163
　白背枫 ·················· 163
　醉鱼草 ·················· 163
　灰莉 ···················· 164
　钩吻 ···················· 164

木犀科 ·········· 165
  茉莉花 ·········· 165
  日本女贞 ·········· 165
  小蜡 ·········· 166
  桂花 ·········· 167
夹竹桃科 ·········· 168
  软枝黄蝉 ·········· 168
  黄蝉 ·········· 168
  糖胶树 ·········· 169
  长春花 ·········· 170
  飘香藤 ·········· 170
  夹竹桃 ·········· 171
  红鸡蛋花 ·········· 172
  鸡蛋花 ·········· 172
  狗牙花 ·········· 173
  黄花夹竹桃 ·········· 173
  络石 ·········· 174
萝藦科 ·········· 175
  马利筋 ·········· 175
茜草科 ·········· 175
  栀子 ·········· 175
  长隔木 ·········· 176
  龙船花 ·········· 176
  玉叶金花 ·········· 177
  粉叶金花 ·········· 177
  团花 ·········· 178
  五星花 ·········· 178
  银叶郎德木 ·········· 179
  白马骨 ·········· 179
  大叶钩藤 ·········· 180
  水锦树 ·········· 181
忍冬科 ·········· 181
  大花六道木 ·········· 181
  忍冬 ·········· 182
  接骨草 ·········· 182
  南方荚蒾 ·········· 183
  珊瑚树 ·········· 183
菊科 ·········· 184
  金钮扣 ·········· 184
  白苞蒿 ·········· 184
  马兰 ·········· 185
  野菊 ·········· 185
  菊花 ·········· 186
  芙蓉菊 ·········· 186

  大吴风草 ·········· 187
  芳香万寿菊 ·········· 187
  千里光 ·········· 188
  南美蟛蜞菊 ·········· 188
白花丹科 ·········· 189
  蓝花丹 ·········· 189
紫草科 ·········· 189
  福建茶 ·········· 189
  厚壳树 ·········· 190
茄科 ·········· 190
  鸳鸯茉莉 ·········· 190
  夜香树 ·········· 191
  苦蘵 ·········· 191
旋花科 ·········· 192
  金钟藤 ·········· 192
  五爪金龙 ·········· 193
  七爪龙 ·········· 193
  牵牛 ·········· 194
  茑萝 ·········· 194
  山猪菜 ·········· 195
玄参科 ·········· 195
  毛麝香 ·········· 195
  红花玉芙蓉 ·········· 196
  白花泡桐 ·········· 196
苦苣苔科 ·········· 197
  光萼唇柱苣苔 ·········· 197
紫葳科 ·········· 197
  凌霄 ·········· 197
  黄花风铃木 ·········· 198
  紫花风铃木 ·········· 199
  蓝花楹 ·········· 200
  吊瓜树 ·········· 201
  蒜香藤 ·········· 201
  非洲凌霄 ·········· 202
  炮仗花 ·········· 203
  海南菜豆树 ·········· 203
  火焰树 ·········· 204
  硬骨凌霄 ·········· 204
爵床科 ·········· 205
  喜花草 ·········· 205
  虾衣花 ·········· 205
  赤苞花 ·········· 206
  金苞花 ·········· 207
  蓝花草 ·········· 208

  山牵牛 ·········· 209
马鞭草科 ·········· 209
  狭叶红紫珠 ·········· 209
  灰毛大青 ·········· 210
  赪桐 ·········· 210
  尖齿臭茉莉 ·········· 211
  龙吐珠 ·········· 211
  假连翘 ·········· 212
  冬红 ·········· 213
  马缨丹 ·········· 213
  蔓马缨丹 ·········· 214
  柚木 ·········· 215
  柳叶马鞭草 ·········· 215
  细长马鞭草 ·········· 216
  黄荆 ·········· 216
唇形科 ·········· 217
  肾茶 ·········· 217
  五彩苏 ·········· 217
  活血丹 ·········· 218
  朱唇 ·········· 218
  墨西哥鼠尾草 ·········· 219
鸭跖草科 ·········· 219
  聚花草 ·········· 219
  裸花水竹叶 ·········· 220
  紫背万年青 ·········· 220
芭蕉科 ·········· 221
  野蕉 ·········· 221
  红蕉 ·········· 221
  香蕉 ·········· 222
蝎尾蕉科 ·········· 222
  '金火炬'蝎尾蕉 ·········· 222
旅人蕉科 ·········· 223
  旅人蕉 ·········· 223
  大鹤望兰 ·········· 223
姜科 ·········· 224
  红豆蔻 ·········· 224
  华山姜 ·········· 224
  花叶艳山姜 ·········· 225
  砂仁 ·········· 225
  闭鞘姜 ·········· 226
  姜黄 ·········· 226
  姜花 ·········· 227
美人蕉科 ·········· 227
  红花美人蕉 ·········· 227

大花美人蕉 …………… 228
粉美人蕉 ……………… 229
美人蕉 ………………… 230
竹芋科 …………………… 230
孔雀竹芋 ……………… 230
紫背栉花竹芋 ………… 231
柊叶 …………………… 231
再力花 ………………… 232
百合科 …………………… 232
芦荟 …………………… 232
天门冬 ………………… 233
非洲天门冬 …………… 233
狐尾天门冬 …………… 234
松叶武竹 ……………… 234
蜘蛛抱蛋 ……………… 235
弯蕊开口箭 …………… 235
吊兰 …………………… 236
朱蕉 …………………… 237
山菅 …………………… 238
'花叶'山菅 …………… 238
萱草 …………………… 239
波叶玉簪 ……………… 239
禾叶山麦冬 …………… 240
'银纹'沿阶草 ………… 240
麦冬 …………………… 241
'矮'麦冬 ……………… 241
雨久花科 ………………… 242
凤眼蓝 ………………… 242
梭鱼草 ………………… 242
天南星科 ………………… 243
金钱蒲 ………………… 243
海芋 …………………… 244
花烛 …………………… 245
野芋 …………………… 245
绿萝 …………………… 246
龟背竹 ………………… 246
春羽 …………………… 247
仙羽蔓绿绒 …………… 248
大薸 …………………… 248

石柑子 ………………… 249
狮子尾 ………………… 249
白鹤芋 ………………… 250
绿巨人 ………………… 251
合果芋 ………………… 251
犁头尖 ………………… 252
香蒲科 …………………… 252
香蒲 …………………… 252
石蒜科 …………………… 253
百子莲 ………………… 253
文殊兰 ………………… 254
朱顶红 ………………… 254
水鬼蕉 ………………… 255
紫娇花 ………………… 256
葱莲 …………………… 257
韭莲 …………………… 257
鸢尾科 …………………… 258
雄黄兰 ………………… 258
射干 …………………… 258
花菖蒲 ………………… 259
巴西鸢尾 ……………… 259
黄菖蒲 ………………… 260
龙舌兰科 ………………… 260
酒瓶兰 ………………… 260
海南龙血树 …………… 261
香龙血树 ……………… 262
红边龙血树 …………… 262
巨麻 …………………… 263
虎尾兰 ………………… 263
金边虎尾兰 …………… 264
棕榈科 …………………… 264
假槟榔 ………………… 264
三药槟榔 ……………… 265
鱼尾葵 ………………… 265
短穗鱼尾葵 …………… 266
袖珍椰子 ……………… 266
散尾葵 ………………… 267
蒲葵 …………………… 267
江边刺葵 ……………… 268

棕竹 …………………… 268
多裂棕竹 ……………… 269
王棕 …………………… 269
丝葵 …………………… 270
兰科 ……………………… 270
美花石斛 ……………… 270
铁皮石斛 ……………… 271
美冠兰 ………………… 271
文心兰 ………………… 272
带叶兜兰 ……………… 272
蝴蝶兰 ………………… 273
火焰兰 ………………… 273
灯心草科 ………………… 274
灯心草 ………………… 274
莎草科 …………………… 274
风车草 ………………… 274
禾本科 …………………… 275
粉单竹 ………………… 275
'小琴丝'竹 …………… 276
'凤尾'竹 ……………… 276
'黄金间碧'竹 ………… 277
'大佛肚'竹 …………… 277
麻竹 …………………… 278
吊丝竹 ………………… 278
刚竹 …………………… 279
泰竹 …………………… 279
芦竹 …………………… 280
蒲苇 …………………… 281
糖蜜草 ………………… 282
'细叶'芒 ……………… 282
粉黛乱子草 …………… 283
'紫叶'狼尾草 ………… 283
狼尾草 ………………… 284

附　表 …………………… 285
中文名索引 ……………… 287
拉丁学名索引 …………… 292

第一部分 —————— 广西高峰森林公园概况

一、公园简介

广西高峰森林公园位于南宁市兴宁区和高新区，核心区面积1237.07hm²，是集运动健身休闲、森林康养度假、科普文化体验为一体的全国最大城市森林公园。先后荣获"国家AAAA级旅游景区""广西森林体验基地""广西生态旅游示范区""广西中小学生研学实践教育基地""广西青年文明号集体""全国林草科普基地""广西花卉苗木观光基地""广西'互联网+全民义务植树'基地"等称号。

高峰森林公园是广西首府南宁的"生态后花园"。公园森林覆盖率达90%，负氧离子含量超6000个/cm³。园内森林资源丰富，拥有松树、杉木、红锥、降香黄檀等各类树种数百种，形成了绵延的茫茫林海，为南宁市北面构建了一道绿色天然屏障。

高峰森林公园交通便捷。公园南入口距离南宁外环高速公路高峰收费站仅4km，距离南宁市中心11km，距离南宁东高铁站15km，距离南宁吴圩国际机场35km。

高峰森林公园有着深厚的文化底蕴。园内拥有我国最古老的"中越友谊林"，是用20世纪60年代越南主席胡志明赠送给周恩来总理的灰木莲种子培育的。中华民国旧桂系军阀领袖陆荣廷修建的广西第一条公路——邕武公路从高峰森林公园风景区中穿梭而过。园内高峰坳景区曾是桂南会战高峰坳战役之地。园内

高峰森林公园

打造了广西首个林业艰苦创业馆。

　　高峰森林公园是"人与森林亲密互动的神奇乐园"。核心打造"一心两轴"，其中"一心"为游客中心，"两轴"为东线和西线。园内有一览众山小的高峰阁、广西最大的森林博物馆、南宁首个360°极限飞球影院、广西首个山地越野森林卡丁车、可赏南宁市区的天空之城、9D玻璃桥、登峰栈道、生命河谷、山涧喊泉、七彩旱滑、彩虹滑道、时光隧道、精灵王国、魔毯、拾青栈道、丛林穿越、户外烧烤野趣营地、星月湖、星空露营、百鸟林餐厅、森林嘉年华、蘑菇工坊、高空滑漂、高峰阁、火车风情园、四季花海等景点。

二、自然地理条件

（一）地理位置

　　公园位于广西壮族自治区首府南宁市西北郊，距离南宁市中心11km，地处高峰林场界牌分场和东升分场内，地理坐标为东经108°21′24″～108°24′33″、北纬22°56′29″～23°0′4″。

（二）地质地貌

　　公园地处南宁盆地的北缘，属大明山山脉南伸的西支，地势东高西低，山脉从东北向西南延伸。地貌主要为丘陵，海拔150～485.8m（界牌分场六华山），主要坡向为南坡，一般坡度20°～30°。

（三）土壤

公园成土母质以砂岩和泥岩为主，石英砂岩次之，局部有花岗岩和第四纪红土。地面组成物质主要为古生界地层构成，以寒武系的粉砂岩、泥岩、粉砂质及砂岩夹泥岩分布最广。

土壤以赤红壤为主，在垂直分布上有山地红壤和山地黄壤，土壤质地为中壤至轻黏，土层以中、厚土层为主，保水保肥尚好。土壤呈酸性，平均pH值为4.0～5.0，土壤中含氮充足，而磷、钾、硼、锌不足。适宜多种用材、经济、观赏树种生长。

（四）气候

公园位于北回归线以南的南亚热带季风气候区，夏长冬短，热量丰富，雨量充沛。年平均气温21℃左右，极端最低气温-2℃，低山上部有结冰，2～3日可溶化，极端最高气温40℃，积温7500℃左右。年降水量1200～1500mm，多集中在6～9月。年日照时数1450～1650h，相对湿度80％以上，森林覆盖率高、森林小气候特征明显。

（五）水文和水环境

公园区域地表水资源较为缺乏，范围内无大型江河，常年有水的溪流有音桥河（高峰河）、那茶河和东升河。园区内有5处小型人工池塘，其中音桥湖面积0.3hm²、那茶点山塘水域面积0.5hm²。

游客中心后广场水景

（六）植物和植被

公园属南亚热带季风常绿阔叶林区域，森林覆盖率高达91.21%，森林植被以人工植被为主，在沟谷区域保存有部分天然林。植被类型多样，林相分层清晰，具有丰富多样、复杂完整的特点。以南亚热带优良树种展示林为主的人工植被连片面积大，保存时间长，树种结构多达几十种，具有林相整齐美观、林木高大挺拔、混交类型多、层次丰富等特点。复杂多样的森林植被组成不同层次、不同色彩的景观，体现了南亚热带森林所应有的植物群落景观，具有较高的观赏价值和保护价值，放眼望去，到处是青翠浓郁、林海茫茫、林冠延绵起伏，林相随季节变化绚丽多彩的景象。

公园内的植物种类较多，植物区系成分复杂，已知有维管束植物836种，其中蕨类植物40种，裸子植物12种，被子植物784种。人工植被主要造林树种有杉木（*Cunninghamia lanceolata*）、八角（*Illicium verum*）、马尾松（*Pinus massoniana*）、米老排（*Mytilaria laosensis*）、醉香含笑（*Michelia macclurei*）、灰木莲（*Manglietia glauca*）、红锥（*Castanopsis hystrix*）、桉树（*Eucalyptus* spp.）、马占相思（*Acacia mangium*）、木荷（*Schima superba*）、粉单竹（*Bambusa chungii*）、麻竹（*Dendrocalamus latiflorus*）等。天然植被以锥（*Castanopsis chinensis*）、假苹婆（*Sterculia lanceolata*）、秋枫（*Bischofia javanica*）、黄心树（*Machilus gamblei*）、山乌桕（*Sapium discolor*）、鹅掌柴（*Schefflera heptaphylla*）等阔叶树种为主，构成南亚热带季风常绿阔叶林。林下植被灌木层常见种有粗叶榕（*Ficus hirta*）、野漆（*Toxicodendron succedaneum*）、盐肤木（*Rhus chinensis*）、桃金娘（*Rhodomyrtus tomentosa*）、三桠苦（*Melicope pteleifolia*）、九节（*Psychotria rubra*）、水锦树（*Wendlandia uvariifolia*）、山鸡椒（*Litsea cubeba*）等，草本层常见种有五节芒（*Miscanthus floridulus*）、粽叶芦（*Thysanolaena latifolia*）、蔓生莠竹（*Microstegium fasciculatum*）、芒萁（*Dicranopteris pedata*）、乌毛蕨（*Blechnum orientale*）、金毛狗（*Cibotium barometz*）、毛柄短肠蕨（*Allantodia dilatata*）等。

灰木莲人工林

油茶林和杉木林

（七）土地资源现状

公园规划范围总用地面积1237.07hm²，其中：乔木林1092.70hm²，占总面积的88.33%；竹林9.56hm²，占0.77%；未成林造林地24.1hm²，占1.94%；国家特别规定灌木林地26.08hm²，占2.11%；辅助生产用地及其他用地66.45hm²，占5.38%；苗圃地18.18hm²，占1.47%。

三、游览线路和主要景点

（一）南游客中心

南游客中心又名主游客中心，采用地景建筑的设计理念，将森林山体造型抽象化运用在建筑主体造型上，远看似拔地而生的起伏山体，屋顶采用生态草坡覆绿，扣合"生长与融合"主题。游客中心分前后两个广场，前广场主要作为人群集散和对外活动空间，后广场主要用于园区内部活动及水秀观景区域。

前广场以盆栽花坛的方式造景，观赏植物较多，一年四季灵活多变，常见种类有三角梅（*Bougainvillea spectabilis*）、朱槿（*Hibiscus rosa-sinensis*）、五星花（*Pentas lanceolata*）、四季秋海棠（*Begonia cucullata*）、苏丹凤仙花（*Impatiens walleriana*）等观花植物。后广场水秀观景区的观赏植物丰富，滨水生境栽培了多种美人蕉（*Canna* spp.）和再力花（*Thalia dealbata*）、梭鱼草（*Pontederia cordata*）、睡莲（*Nymphaea* spp.）、'花叶'芦竹（*Arundo donax* 'Versicolor'）等水生植物。

游客中心

游客中心紫娇花景观

（二）东线

东线游览线路较长，主要景点有生命河谷、登峰栈道、高空玻璃桥、拾青栈道、星月湖、星空露营、森林卡丁车基地、户外烧烤野趣营地等。沿途植被主要有杉木林、油茶林、醉香含笑林、红锥林，以及沟谷内天然的季风常绿阔叶林。道路两旁大量栽植有紫娇花（*Tulbaghia violacea*）、花叶冷水花（*Pilea cadierei*）、水鬼蕉（*Hymenocallis littoralis*）等；边坡绿化栽培有紫藤（*Wisteria sinensis*）、金银花（*Lonicera japonica*）、异叶地锦（*Parthenocissus dalzielii*）、蒜香藤（*Mansoa alliacea*）等藤本植物。

1. 生命河谷

生命河谷全长1.6km，适合休闲散步游，沿途景点主要有油茶工坊、油茶膳坊、凤翎廊、茶溪别院、不老泉、觅青山房。河谷中保留有丰富的季风常绿阔叶林代表植物，野生种类丰富，常见有水翁蒲桃（*Syzygium nervosum*）、假鹰爪（*Desmos chinensis*）、大果榕（*Ficus auriculata*）、黄毛榕（*Ficus esquiroliana*）、斜叶榕（*Ficus tinctoria* subsp. *gibbosa*）、猴耳环（*Archidendron clypearia*）、珠芽狗脊（*Woodwardia prolifera*）等。溯流而上，将展现人类在生命不同阶段的经历，包括了幼年、成年和老年。在文化体验之外，还针对南宁市民家庭玩水的喜好进行重点打造，将亲水体验与文化体验相融合。

生命河谷起点——生命之初

生命河谷中段

凤翎廊

2. 登峰栈道

登峰栈道全长2.5km，海拔85~270m，全线穿行于森林中，既可以登高望远，也可以亲近森林，观察森林中的动植物。在收获健康生活的同时，读懂自然的魅力。

沿途植被主要有杉木林、桉树林、红锥林、木荷林；植物以野生植物为主，观赏植物有展毛野牡丹（*Melastoma normale*）、大叶钩藤（*Uncaria macrophylla*）、金毛狗、草珊瑚（*Sarcandra glabra*）等。

"天空之城"观景台

登峰栈道观赏植物

3. 拾青栈道

拾青栈道是连接登峰栈道和星月湖的步行游览步道，穿行于高大的杉木林中，全长800m。由于林龄较老，林中已长出了很多醉香含笑、黄毛榕、锥、鹅掌柴、山乌桕等阔叶树种，林下植被丰富。林下引入栽培了国家二级重点保护野生植物桫椤（*Alsophila spinulosa*）和黑桫椤（*Alsophila podophylla*），生长良好。这些林木代表着自然最朴实纯粹的一面。

森林中的拾青栈道

4. 星月湖

星月湖因这一汪碧湖形似弯月，且在晴朗的夜晚，湖面倒映出天空明月，波光潋滟，好似万千星辰而得名。星月湖与星空露营并称为"森林夜景的明珠"，一湖一月一星空的流连辗转间，俯仰世间最美的光华。

环湖四周已修建游览步道，可亲近感受野生树木之美。湖边水汽丰富，空气湿度大，利用这个特点，在湖边栽培了多种喜阴湿的观花植物，特别是各种附生和地生兰科植物争奇斗艳。

星月湖

5. 星空露营

　　星空露营基地海拔250m，是森林公园里地势较高的地方，视野开阔，集休闲、娱乐、康养、餐饮、住宿于一体，是康养生活露营、观星、烧烤、对酌的绝佳之处。星空露营基地的园林景观较好，观赏植物丰富，是赏林观花的好地方。'紫叶'狼尾草（*Pennisetum setaceum* 'Rubrum'）、珍珠相思树（*Acacia podalyriifolia*）、细叶粉扑花（*Calliandra brevipes*）、各色三角梅、朱槿、粉黛乱子草（*Muhlenbergia capillaris*）、'鸡蛋花'（*Plumeria rubra* 'Acutifolia'）、山茶（*Camellia japonica*）、杜鹃花（*Rhododendron simsii*）让游客四季有花看，而罗汉松（*Podocarpus macrophyllus*）、散尾葵（*Dypsis lutescens*）、千层金（*Melaleuca bracteata*）、小叶榄仁（*Terminalia neotaliala*）、大鹤望兰（*Strelitzia nicolai*）、海南龙血树（*Dracaena cambodiana*）、灰莉（*Fagraea ceilanica*）、'花叶'假连翘（*Duranta erecta* 'Variegata'）等观叶植物则为游客增添不一样的绿色。

星空露营

（三）西线

西线沿途景点包括：游客中心—蘑菇工坊—森林嘉年华—百鸟林—北游客中心—北门。景点沿河谷布置，森林植被类型主要有人工营造的灰木莲林和沟谷下部天然的季风常绿阔叶林。常见观赏植物有美丽异木棉（*Ceiba speciosa*）、比氏刺桐（*Erythrina × bidwillii*）、秋枫（*Bischofia javanica*）、金蒲桃（*Xanthostemon chrysanthus*）、三角梅、蔓马缨丹（*Lantana montevidensis*）、'金火炬'蝎尾蕉（*Heliconia psittacorum* 'Golden torch'）、洋金凤（*Caesalpinia pulcherrima*）、夹竹桃（*Nerium indicum*）、姜花（*Hedychium coronarium*）、马利筋（*Asclepias curassavica*）、蒲苇（*Cortaderia selloana*）、落羽杉（*Taxodium distichum*）、小叶榄仁（*Terminalia neotaliala*）等。

蘑菇工坊

森林嘉年华

百鸟林

北游客中心

（四）一环线

一环线全长4.5km，起点是西线的精灵王国，途经四季花海、樱花大道、党政军植树纪念林、高峰阁，终点位于东线生命河谷附近。一环路联通了园区的主干道东、西两线，沿线植被主要有红锥林、醉香含笑林、杉木林、桉树林、八角林、米老排林等。常见观赏植物有凤凰木（*Delonix regia*）、巴西野牡丹（*Tibouchina semidecandra*）、非洲凌霄（*Podranea ricasoliana*）、中国无忧花（*Saraca dives*）、蓝花楹（*Jacaranda mimosifolia*）、紫玉兰（*Yulania liliiflora*）、紫花风铃木（*Handroanthus impetiginosus*）、黄花风铃木（*Handroanthus chrysanthus*）、火焰树（*Spathodea campanulata*）、小花红花荷（*Rhodoleia parvipetala*）、金蒲桃、槭叶酒瓶树（*Brachychiton acerifolius*）、'碧桃'（*Prunus persica* 'Duplex'）、紫薇（*Lagerstroemia indica*）、钟花樱桃（*Cerasus campanulata*）、三角梅、美丽异木棉、八角、猪屎豆（*Crotalaria pallida*）、大猪屎豆（*Crotalaria assamica*）、鸡冠刺桐（*Erythrina crista-galli*）、比氏刺桐、蔓花生（*Arachis duranensis*）、白灰毛豆（*Tephrosia candida*）、垂序商陆（*Phytolacca americana*）、大叶钩藤、钩吻（*Gelsemium elegans*）、狗尾草（*Setaria viridis*）、金色狗尾草（*Setaria pumila*）、猫尾草（*Uraria crinita*）、红花羊蹄甲（*Bauhinia blakeana*）、葫芦茶（*Tadehagi triquetrum*）、灰毛大青（*Clerodendrum canescens*）、灰木莲、美花非洲芙蓉（*Dombeya burgessiae*）、木豆（*Cajanus cajan*）、糖蜜草（*Melinis minutiflora*）、望江南（*Senna occidentalis*）、珍珠相思树、朱槿、醉香含笑等。

1. 精灵王国

精灵王国是整个森林公园最欢乐热情的主题游乐园，富含各式各样、造型独特的游乐设施，山谷中地势相对开阔，山水林景与人工景观相映成趣，打破传统亲子游乐区的单调无味，整个精灵王国围绕森林公园独创的趣味故事，将动物元素融入活动广场、游乐设备、自然景观等。园区中人工栽培的观赏植物丰富，此外还有野生的美冠兰（*Eulophia graminea*）、排钱树（*Phyllodium pulchellum*）、乌蕨（*Sphenomeris chinensis*）、朴树（*Celtis sinensis*）、铁冬青（*Ilex rotunda*）、假鹰爪、展毛野牡丹等。精灵王国四周山坡上则是壮观的四季花海，片植的三角梅、巴西野牡丹、柳叶马鞭草（*Verbena bonariensis*）、非洲凌霄、蓝花楹等观花植物已初见雏形。

精灵王国入口

2.四季花海

千亩四季花海是广西最大的花海示范点,大面积种植的观花植物四季可赏,主要种类有三角梅、巴西野牡丹、蓝花楹、金蒲桃、柳叶马鞭草、紫薇、大花紫薇(*Lagerstroemia speciosa*)、槭叶酒瓶树、火焰树、黄花风铃木、紫花风铃木等。

四季花海观赏植物

3. 高峰阁

　　高峰阁雄踞于海拔310m的山顶，是一环线的最高点，建成高度为58.8m，共有9层，是高峰森林公园护林防火瞭望互动体验与远眺南宁城北风貌、观光览胜的理想之处。登上高峰阁，远眺可以将南宁市区的城市景观和高峰森林公园的森林植被尽收眼底；近看可以俯视整个"四季花海"和"精灵王国"景点，视野极佳。四周植被主要有红锥林、马尾松林、湿地松（*Pinus elliottii*）林、醉香含笑林、马占相思林。

高峰阁

（五）二环线

　　二环线全长10.5km，主要景点有：火车文化风情园—森林博物馆—国家储备林—卡丁车基地—国家种质资源库——高峰阁花海。沿途植被主要有杉木林、桉树林、红锥林、灰木莲林、马占相思林、八角林、柚木（*Tectona grandis*）林等。常见观赏植物有洋紫荆（*Bauhinia variegata*）、金蒲桃、美丽异木棉、中国无忧花、紫花风铃木、黄花风铃木、朱槿、白灰毛豆、垂序商陆、大狗尾草、大球油麻藤（*Mucuna macrobotrys*）、大叶钩藤、大猪屎豆、猪屎豆、观光木（*Michelia odora*）、红花羊蹄甲、黄毛榕、灰木莲、槭叶酒瓶树、糖蜜草、田菁（*Sesbania cannabina*）、团花（*Neolamarckia cadamba*）、醉香含笑等。

二环线上的植被景观

第二部分 ——————————————— 观赏植物各论

江南卷柏 *Selaginella moellendorffii*

科属: 卷柏科卷柏属。

特征: 多年生草本。土生或石生。直立,高20~55cm,具一横走的地下根状茎和游走茎。根托只生于茎的基部。主茎中上部羽状分枝;侧枝5~8对,二至三回羽状分枝,小枝较密排列规则,末回分枝连叶宽2.5~4mm。叶表面光滑,边缘不为全缘,具白边。

来源与生境: 野生。生于山溪边或林下阴湿石上。

观赏特性与用途: 株形秀丽,枝叶奇特,可盆栽或种植于阴湿石缝中,也可点缀假山石景。

观赏价值: ★★

翠云草 *Selaginella uncinata*

科属: 卷柏科卷柏属。

特征: 多年生草本。土生。主茎先直立而后攀缘状,无横走地下茎;主茎具沟槽,无毛,末回分枝连叶宽3.8~6mm。叶全部交互排列,二型,草质,表面光滑,具虹彩,边缘全缘,明显具白边。侧叶紧接,下侧基部圆形。孢子叶穗紧密,四棱柱形,单生于小枝末端。

来源与生境: 野生。生于山谷林下溪边阴湿处。

观赏特性与用途: 形态奇特秀丽,枝叶四季翠绿,叶面常呈蓝绿色荧光,适合盆栽或作地被,也可配置于林下、路缘、点缀石景、水岸边等。

观赏价值: ★★★

福建观音座莲　*Angiopteris fokiensis*

科属：莲座蕨科观音座莲属。

特征：多年生草本。植株高1.5m以上。根状茎块状，直立。叶柄粗壮，长约50cm；叶片宽广，长与宽各60cm以上；羽片5~7对，奇数羽状；小羽片35~40对，顶生小羽片有柄，和下面的同形；叶脉开展，相距不到1mm。羽轴向顶端具狭翅。孢子囊群长约1mm，距叶缘0.5~1mm，彼此接近。

来源与生境：野生。生于林下溪谷边、阴湿处。

观赏特性与用途：植株高大，株形秀丽，终年翠绿，孢子囊群形色奇特，可盆栽地栽观赏，宜栽于林下溪沟边供观赏。根状茎可入药，有祛风、清热、解毒作用。

观赏价值：★★★

保护等级：国家二级重点保护野生植物。

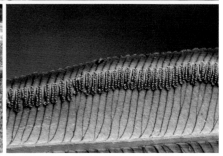

金毛狗

Cibotium barometz

科属: 蚌壳蕨科金毛狗属。

特征: 多年生草本或呈亚灌木状。根状茎卧生，粗大。叶大，柄长可达120cm，棕褐色，基部被有垫状的金黄色茸毛，有光泽；叶片大，三回羽状分裂；互生，叶几为革质或厚纸质。孢子囊生于下部的小脉顶端，囊群盖坚硬，棕褐色；孢子为三角状的四面形，透明。

来源与生境: 野生。生于山谷沟边及林下阴处，喜酸性土。

观赏特性与用途: 因根状茎基部的金黄色长茸毛酷似狗毛而得名。株形高大，叶姿优美，孢子囊群形色奇特，四季常青，适于栽作林下地被，也可盆栽作大型观赏蕨类。茸毛可药用作为止血剂。

观赏价值: ★★★

保护等级: 国家二级重点保护野生植物。

桫椤（刺桫椤） *Alsophila spinulosa*

科属： 桫椤科桫椤属。

特征： 小乔木。茎直立，茎干高达5～6m，直径达20cm。叶顶生，叶柄具密刺；叶片较大，长1～2m，三回羽状深裂；小羽片线状披针形；裂片较薄，具疏锯齿，侧脉8～10（～12）对，多为2叉。孢子囊群近中肋着生，囊群盖圆形。

来源与生境： 原产我国。适生于林下或溪边荫地。

观赏特性与用途： 树形美观，高大挺拔，树冠犹如巨伞，层性强，是优良的观形观叶植物，可孤植、群植或林植。

观赏价值： ★★★★

保护等级： 国家二级重点保护野生植物。

黑桫椤　　　　　　　　　　*Gymnosphaera podophylla*

科属： 桫椤科桫椤属。

特征： 灌木至小乔木，主干高达数米。叶柄被褐棕色披针形厚鳞片；叶长2～3m；小羽片约20对，近平展，小羽轴相距2～2.5cm，基部截形，宽1.2～1.5cm，边缘近全缘或有疏锯齿，或波状圆齿。叶为坚纸质，两面均无毛。孢子囊群圆形，着生于小脉背面近基部处，无囊群盖。

来源与生境： 栽培。原产我国。适生于林下或溪边荫地。

观赏特性与用途： 树形美观，高大挺拔，树冠犹如巨伞，层性强，是优良的观形观叶植物，可孤植、群植或林植。

观赏价值： ★ ★ ★

保护等级： 国家二级重点保护野生植物。

乌蕨　　　　　　　　　　*Odontosoria chinensis*

科属：鳞始蕨科乌蕨属。
特征：多年生草本。叶近生，叶柄圆，正面有沟，除基部外，通体光滑；叶片披针形，长20～40cm，先端渐尖，四回羽状；二回（或末回）小羽片小，倒披针形，先端截形，有齿牙，基部楔形，下延；叶光滑。孢子囊群边缘着生，每裂片上1～2枚；囊群盖宿存。
来源与生境：野生。生于林下或灌丛中阴湿地。
观赏特性与用途：株形奇特秀丽，适于栽作林下地被或室内盆栽观赏。
观赏价值：★★

剑叶凤尾蕨　　　　　　*Pteris ensiformis*

科属：凤尾蕨科凤尾蕨属。
特征：多年生草本。植株高30～50cm。叶密生，二型；柄与叶轴同为禾秆色，光滑；叶片长10～25cm（不育叶远比能育叶短），羽片3～6对，对生，下部叶有短柄；能育叶的羽片疏离，通常为2叉或3叉，顶生羽片基部不下延，先端不育的叶缘有密尖齿，余均全缘；侧脉密接，常分叉；叶无毛。
来源与生境：野生。生于林下阴湿处、溪边、岩石或房屋旁。
观赏特性与用途：株形秀丽，叶片奇特，生命力强，容易养护。室内可作盆栽观赏，室外可配置于林下、路缘、水岸边等阴湿环境作地被植物，也可点缀石景。
观赏价值：★★★

半边旗 *Pteris semipinnata*

科属： 凤尾蕨科凤尾蕨属。

特征： 多年生草本。植株高35~80cm，根状茎长而横走。叶簇生，近一型；叶柄连同叶轴均为栗红色，有光泽；叶片长圆披针形，二回半边深裂；顶生羽片长10~18cm，先端尾状，篦齿状，深羽裂几达叶轴；侧生羽片4~7对，两侧极不对称，上侧仅有一条阔翅，宽3~6mm，下侧篦齿状深羽裂几达羽轴，裂片3~6片或较多，镰刀状披针形，基部一片最长。

来源与生境： 野生。生于疏林下阴处、溪边或岩石旁。

观赏特性与用途： 叶形奇特，叶色翠绿，可盆栽观赏，也可用作庭园、假山或水池边点缀景观。容易养护，还可用作观叶材料。

观赏价值： ★★

巢蕨（鸟巢蕨） *Asplenium nidus*

科属： 铁角蕨科铁角蕨属。

特征： 多年生草本。根状茎直立，粗短。叶簇生；叶柄长约5cm，浅禾秆色，木质，两侧无翅；叶片宽披针形，长90~150cm，渐尖头或尖头，向下逐渐变狭而长下延，叶边全缘并有软骨质的狭边；主脉下面几乎全部隆起为半圆形；小脉两面均稍隆起，平行，相距约1mm。孢子囊群线形，生于小脉的上侧，自小脉基部外行约达1/2；囊群盖全缘，宿存。

来源： 栽培。原产我国。

观赏特性与用途： 株形奇特，叶簇呈鸟巢状，终年碧绿光亮，为著名的附生性观叶植物，室内可作盆栽观赏或用于室内庭院，室外可用于阴生植物园、林下、水岸边等阴湿环境，可孤植、丛植于水岸边或附生于高大树木上营造雨林景观。

观赏价值： ★★★★

疣茎乌毛蕨（矮树蕨） *Blechnum gibbum*

科属： 乌毛蕨科乌毛蕨属。
特征： 多年生草本。株高约1m；根状茎粗短直立。叶丛生，叶片长50～120cm，宽25～40cm，一回羽状复叶，羽片条状披针形，叶片形状与苏铁近似，质较软。孢子囊群条形，沿主脉两侧着生，囊群盖圆形，开向主脉。
来源与生境： 栽培。原产亚洲热带地区。
观赏特性与用途： 株形优美，叶簇生状丛生茎顶，可用于室内庭院、阴生植物园、林缘、水边等阴湿环境作地被植物，配置于花境、花槽等处。生长旺盛，易栽培，也可用作观叶材料。
观赏价值： ★★★★

珠芽狗脊（台湾狗脊蕨、胎生狗脊） *Woodwardia prolifera*

科属： 乌毛蕨科狗脊属。
特征： 多年生草本。植株高大。叶近生；柄粗壮，褐色；叶片长卵形或椭圆形，长35～120cm，先端渐尖，二回深羽裂达羽轴两侧的狭翅；叶脉明显；叶革质，无毛，羽片上面常生小珠芽。孢子囊群粗短，形似新月形，着生于主脉两侧的狭长网眼上，深陷叶肉内，在叶上面形成清晰的印痕。
来源与生境： 野生。生于疏林下阴湿地或溪谷边酸性土。
观赏特性与用途： 株形高大，叶姿优美，叶面上常"胎生"较多珠芽，甚为奇特，适于栽作林下或林荫处地被，也可盆栽作大型观赏蕨类。
观赏价值： ★★★

肾蕨　　　　　　　　　　　*Nephrolepis cordifolia*

科属： 肾蕨科肾蕨属。

特征： 多年生草本。附生或土生植物。根状茎直立，下部有粗铁丝状的匍匐茎向四方横展，匍匐茎上生有近圆形的块茎，直径1～1.5cm，密被鳞片。叶簇生；叶片长30～70cm，宽3～5cm，狭披针形；羽片多数，互生。孢子囊群成一行位于中脉两侧，常肾形，长1.5mm，位于从叶边向中脉1/3处；囊群盖肾形，无毛。

来源与生境： 野生，并有栽培。生于溪边林下或附生于棕榈科植物树干上。

观赏特性与用途： 株形奇特，叶形秀丽，叶色翠绿，常用于林缘、路缘镶边，配置于山石旁、水岸边、花境、花槽等处，可用于垂直绿化，也可用于花艺设计作衬叶。

观赏价值： ★★★★

圆盖阴石蕨 　　　　　　　　　　　*Humata tyermannii*

科属: 骨碎补科阴石蕨属。

特征: 多年生草本。植株高达20cm。根状茎长而横走,粗4～5mm,密被蓬松的鳞片;鳞片线状披针形,长约7mm,宽1mm。叶远生;柄长6～8cm;叶片长三角状卵形,长宽几相等,10～15cm,三至四回羽状深裂;叶革质,两面光滑。孢子囊群生于小脉顶端;囊群盖近圆形,全缘。

来源与生境: 野生。附生于树干上或石上。

观赏特性与用途: 形体粗犷,根状茎长,覆盖灰白色鳞片,叶片翠绿、密集细裂,可种于树干、山石或盆栽,供观赏。

观赏价值: ★ ★

槲蕨(骨碎补) 　　　　　　　　　　*Drynaria roosii*

科属: 槲蕨科槲蕨属。

特征: 多年生草本。常附生岩石或树干上。根状茎直径1～2cm。叶二型,基生不育叶圆形,长(2～)5～9cm,基部心形,浅裂至叶片宽度的1/3,黄绿色或枯棕色,厚干膜质;正常能育叶叶柄具明显的狭翅;叶片长20～45cm,宽10～15(～20)cm,深羽裂到距叶轴2～5mm处,裂片7～13对,互生。孢子囊群圆形,叶片下面全部分布。

来源与生境: 野生。附生于树干、岩石、墙壁上。

观赏特性与用途: 株形秀丽,叶形奇特,叶片青翠,可盆栽或绑附于树干、假山上,供观赏。

观赏价值: ★ ★

苏铁　　　　　*Cycas revolute*

科属：苏铁科苏铁属。

特征：常绿灌木至小乔木。树干圆柱形。一回羽状叶集生于茎顶部，长75～200cm，叶柄略成四方形，两侧有齿状刺；羽状裂片100对以上，条形，厚革质，长9～18cm。雄球花圆柱形，有短柄，小孢子叶窄楔形，顶端平；雌球花由多数大孢子叶组成，大孢子叶密生黄褐色绒毛。种子红褐色或橘红色，倒卵圆形，稍扁，密生灰黄色短绒毛，后渐脱落。

来源：栽培。原产我国。

观赏特性与用途：株形优美，叶形奇特，可用作盆景观赏或布置于大型会场前台等地，可孤植、丛植、群植作园景树，可与其他乔木间植成列用作道路隔离带。

花果期：花期6～7月，种子10月成熟。

观赏价值：★ ★ ★ ★ ★

保护等级：国家一级重点保护野生植物。

异叶南洋杉　　　　　*Araucaria heterophylla*

科属：南洋杉科南洋杉属。

特征：常绿乔木。树皮横裂。大枝平展或斜伸，幼树冠尖塔形，老则成平顶状，侧生小枝下垂，近羽状排列。幼树及侧枝叶排列疏松，开展，呈钻形、针形、镰形或三角形，长7～17mm；大枝及花果枝的叶呈卵形、三角状卵形或三角形，腹面有白粉。

来源：引种栽培。原产于大洋洲。

观赏特性与用途：树形优美，四季常青，为世界著名的观赏树种。

花果期：罕见开花结果。

观赏价值：★ ★ ★ ★ ★

杉木 *Cunninghamia lanceolata*

科属：杉科杉木属。

特征：高大乔木。树冠圆锥形。树皮裂成长条片，内皮淡红色，小枝对生或轮生。叶披针形或窄，常呈镰状，革质、坚硬；球果卵圆形。

来源：栽培。原产我国。

观赏特性与用途：生长快，木材优良、用途广，为长江以南地区最重要的速生用材树种。

花果期：花期4月，球果10月下旬成熟。

观赏价值： ★ ★ ★

落羽杉　　　　　　　　*Taxodium distichum*

科属：杉科落羽杉属。

特征：落叶乔木。树干尖削度大，干基通常膨大，常有屈膝状的呼吸根；树皮棕色，裂成长条片脱落。枝条水平开展；生叶的侧生小枝排成二列。叶条形，扁平，基部扭转在小枝上排成二列，羽状，长1～1.5cm，宽约1mm，凋落前变成暗红褐色。雄球花卵圆形，在小枝顶端排列成总状花序状或圆锥花序状。球果径约2.5cm。

来源与生境：引种栽培。原产北美东南部。耐水湿。

观赏特性与用途：树形优美，枝叶扶疏，秋冬期褐色，存在较明显植物季相变化，可片植、群植于湖区水岸，营造湿地生态系统景观。为世界著名的湿地观赏树种。

花果期：花期3月，球果10月成熟。

观赏价值：★★★★

竹柏　　　　　　　　　　　　*Nageia nagi*

科属：罗汉松科竹柏属。

特征：常绿乔木。叶对生，革质，长卵形、卵状披针形或披针状椭圆形，叶长3.5～9cm，宽1.5～2.5cm，先端渐尖，基部渐窄成柄状，上面深绿色，具光泽，下面淡绿色。雄球花穗状圆柱形，长约2.1cm；雌球花单生叶腋，稀成对生于叶腋，基部具数枚苞片，花后苞片不肥大成肉质种托。种子圆球形，径约1.3cm，成熟时假种皮暗紫色，具白粉。

来源：栽培。原产我国。

观赏特性与用途：树形端直，叶形奇异，叶片青翠光泽，可列植作行道树，也可孤植、丛植作园景树。

花果期：花期4月，种子10～11月成熟。

观赏价值：★★★★

兰屿罗汉松　　　　　　　　　*Podocarpus costalis*

科属：罗汉松科罗汉松属。

特征：小乔木或灌木状。枝条平展。叶集生于小枝上端，长5～7cm，宽0.7～1.2cm，先端圆或钝，基部渐窄成短柄。雄球花单生腋生，长2.3～3cm。种子椭圆形，长9～10mm，成熟时假种皮深蓝色；种托肉质，长约1～1.3cm。

来源：栽培。原产我国台湾兰屿岛。

观赏特性与用途：树冠耐修剪、弯折，树形古朴优雅，多用于整形树作盆景观赏，可孤植、丛植、对植作园景观形树种，也可列植或群植于纪念性公园。

观赏价值：★★★★★

罗汉松　　　　　　　　　*Podocarpus macrophyllus*

科属：罗汉松科罗汉松属。
特征：常绿乔木。树皮浅纵裂。叶螺旋状着生，条状披针形，长7～12cm，宽7～10mm。雄球花穗状、腋生，长3～5cm；雌球花单生叶腋，有梗，基部有少数苞片。种子卵圆形，径约1cm，先端圆，熟时肉质假种皮紫黑色，有白粉，种托肉质圆柱形，红色或紫红色；柄长1～1.5cm。
来源：栽培。原产我国。
观赏特性与用途：树形古朴优雅，枝叶紧密青翠，种子形奇色艳，耐修剪和弯折，多用作整形树或作盆景观赏，可孤植、丛植、对植作园景观形树种，也可列植或群植于纪念性公园。
花果期：花期4～5月，种子8～9月成熟。
观赏价值：★★★★★
保护等级：国家二级重点保护野生植物。

小叶罗汉松（珍珠罗汉松）　　　*Podocarpus wangii*

科属：罗汉松科罗汉松属。
特征：常绿乔木。树皮不规则纵裂。叶革质或薄革质，窄椭圆形，上面绿色，有光泽，中脉隆起，下面色淡，中脉微隆起；叶柄短，长1.5～4mm。雄球花呈穗状，单生或2～3个簇生于叶腋，长1～1.5cm；雌球花单个腋生，具短梗。种子近圆形或椭圆形，长7～9mm；种托圆柱状，肉质肥厚，长8mm，径3～4mm，熟时紫红色。
来源：栽培。原产我国。
观赏特性与用途：树形优美雅致，枝条直上而挺拔，叶片浓绿致密，种子形奇色艳，耐修剪，易造型，为优良的园林绿化和造景树种。
花果期：花期4～5月，种子8月成熟。
观赏价值：★★★★★
保护等级：国家二级重点保护野生植物。

南方红豆杉

Taxus wallichiana var. *mairei*

科属: 红豆杉科红豆杉属。

特征: 常绿乔木。叶多呈弯镰状，长2～4.5cm，宽3～5mm，中脉带可见，其色泽与气孔带不同，呈淡黄绿色或绿色，绿色边带亦较宽而明显。种子长6～8mm，径4～5mm，微扁，种脐椭圆形。

来源: 栽培。原产我国。

观赏特性与用途: 树形整齐，四季常青，种子成熟后红如玛瑙，是南方常见的观果、观形树种，可孤植、对植、丛植观赏，也可作高档盆栽观赏。

花果期: 花期2～3月，种子10～11月成熟。

观赏价值: ★★★★

保护等级: 国家一级重点保护野生植物。

夜香木兰（夜合花）

Lirianthe coco

科属: 木兰科长喙木兰属。

特征: 常绿灌木或小乔木。全株各部无毛。叶革质，狭椭圆形或倒卵状椭圆形，长7～14(28)cm，宽2～4.5(9)cm；侧脉8～10对，网脉稀疏；叶柄长5～10mm；托叶痕达叶柄顶端。花梗向下弯垂，花直径3～4cm，夜间极香；花被片9，外轮白带绿色，内两轮白色。聚合果长约3cm。

来源与生境: 野生，有栽培。生于湿润肥沃林下。

观赏特性与用途: 树形优美，叶色翠绿，花大而清香，为优良的香花树种，可孤植作庭荫树、园景树。

花果期: 花期夏季，果期秋季。

观赏价值: ★★★

灰木莲　　　　　　　　　　　　　*Manglietia glauca*

科属: 木兰科木莲属。

特征: 常绿乔木。小枝绿色,幼枝节环上和叶背被褐色平伏短柔毛。叶狭椭圆形或倒卵形,长10～20cm,宽3.5～6.5cm,先端短尖;叶柄长1.5～3.0cm,被毛,托叶痕极短;侧脉10～12对。花梗长1.5cm,节环上疏生平伏短毛;花被片9,3轮,外轮背面带绿色,内两轮白色,微带黄色;雌蕊群圆柱形。

来源: 引种栽培。原产越南、印度尼西亚。

观赏特性与用途: 树形通直美观,四季常青,花大繁茂,可栽作园景树和行道树,或庭荫树。

花果期: 花期2～4月,果期9～10月。

观赏价值: ★★★

白兰（木兰花、白兰花）　　　　　*Michelia alba*

科属： 木兰科含笑属。

特征： 常绿乔木。嫩枝及芽密被淡黄白色微柔毛，老时毛渐脱落。叶薄革质，长椭圆形或披针状椭圆形，长10～27cm，宽4～9.5cm，先端长渐尖或尾状渐尖，上面无毛，下面疏生微柔毛；叶柄长1.5～2cm，托叶痕几达叶柄中部。花白色，极香；花被片10片，披针形，长3～4cm。

来源： 栽培。原产印度尼西亚。

观赏特性与用途： 树形端庄别致，花洁白清香，花多且花期长。可孤植、对植作庭荫树，或列植作行道树。

花果期： 花期4～9月，夏季盛开，通常不结实。

观赏价值： ★★★★

合果木（山白兰）　　　　　*Michelia baillonii*

科属： 木兰科含笑属。

特征： 常绿大乔木。幼枝、芽、叶背面、花梗均密被银灰色或褐色的平伏长柔毛，2年生枝具白色皮孔。叶椭圆形、卵状椭圆形或披针形，长6～22（～25）cm，上面初被褐色平伏长毛，侧脉9～15对；叶柄长1.5～3cm，托叶痕为叶柄长的1/3～1/2。花黄白色。聚合果肉质，长6～10cm。

来源： 栽培。原产云南南部。

观赏特性与用途： 树形挺拔，树干通直，生长迅速，材质坚硬，抗虫耐腐力强，为制造家具、重要建筑物的上等木材。

花果期： 花期2～3月，果期8～9月。

观赏价值： ★★

保护等级： 国家二级重点保护野生植物。

含笑花（含笑）　　　　　　　　　　　*Michelia figo*

科属：木兰科含笑属。

特征：常绿灌木，分枝繁密。芽、嫩枝、叶柄、花梗均密被黄褐色绒毛。叶革质，狭椭圆形或倒卵状椭圆形，长4～10cm，宽1.8～4.5cm，上面有光泽，无毛，下面中脉上留有褐色平伏毛；托叶痕长达叶柄顶端。花直立，长12～20mm，淡黄色而边缘有时红色或紫色，具甜浓的芳香，花被片6，肉质，较肥厚，长12～20mm。聚合果长2～3.5cm。

来源：栽培。原产我国华南，现广植于全国各地。

观赏特性与用途：树冠浓绿，花极香，可孤植、列植、丛植或散植于林下、路缘、草地、花坛、花境等处，也可列植作整形树或绿篱。

花果期：花期3～5月，果期7～8月。

观赏价值：★★★★

香子含笑（香籽含笑、香籽楠）　　　*Michelia gioii*

科属：木兰科含笑属。

特征：常绿乔木。芽、幼叶柄、花梗均薄被平伏短绢毛，其余无毛。叶揉碎有八角气味，薄革质，倒卵形或椭圆状倒卵形，长6～13cm，宽5～6cm；无托叶痕。花被片9，外轮膜质，条形，内两轮肉质。蓇葖果密生皮孔，果瓣熟时向外反卷，露出白色内皮。

来源：栽培。原产于广西、海南。

观赏特性与用途：树形秀美，主干通直圆满，挺拔秀丽，枝叶浓绿，是四旁绿化的好树种。

花果期：花期3～4月，果期9～10月。

观赏价值：★★★

保护等级：国家二级重点保护野生植物。

醉香含笑（火力楠）

Michelia macclurei

科属：木兰科含笑属。

特征：常绿乔木。树皮灰白色，光滑不开裂。芽、嫩枝、叶柄、托叶及花梗均被紧贴而有光泽的红褐色短绒毛。叶革质，长7～14cm，宽5～7cm，先端短急尖或渐尖，背面被毛，网脉细，蜂窝状；叶柄长2.5～4cm，正面具狭纵沟；无托叶痕。花被片白色，常9片，长3～5cm。聚合果长3～7cm；蓇葖长1～3cm。

来源与生境：栽培，已逸为野生。广西有野生。生于山地林中。

观赏特性与用途：树形优美，枝叶茂密，叶背常被红褐色，花芳香，为优良的园林绿化树种和水土保持树种，也是优良的防火林带树种。

花果期：花期3～4月，果期9～11月。

观赏价值：★★

观光木　　　　　　　　　　　　*Michelia odora*

科属：木兰科含笑属。

特征：常绿乔木。小枝、芽、叶柄、叶下面和花梗均密被黄棕色糙毛。叶倒卵状椭圆形，长8～17cm，宽3.5～7cm，上面中脉凹陷且被柔毛；叶柄长1.2～2.5cm，基部膨大；托叶痕长达叶柄中部。花单生叶腋，花被片淡黄白色。聚合果长椭圆形，长约13cm，直径9cm；成熟时果皮木质，小果裂成2果瓣。

来源：栽培。原产我国华东、华南、西南。

观赏特性与用途：树体高大，树形挺拔，宜作庭园绿化树种，但须栽培于土层深厚、土壤湿润的地方。

花果期：花期3～4月，果期9～10月。

观赏价值：★★

保护等级：广西重点保护野生植物。

紫玉兰（辛夷）　　　　　　　　*Yulania liliiflora*

科属：木兰科玉兰属。

特征：落叶灌木。叶椭圆状倒卵形或倒卵形，长8～18cm，宽3～10cm，先端急尖或渐尖，基部渐狭沿叶柄下延至托叶痕，下面灰绿色，沿脉有短柔毛；托叶痕约为叶柄长之半。花蕾卵圆形，被淡黄色绢毛；花叶同时开放，直立；花被片9～12，外轮3片萼片状，紫绿色，常早落，内两轮肉质，外面紫色或紫红色，内面带白色，花瓣状。

来源：栽培。原产我国。

观赏特性与用途：花先叶开放，早春满树繁花，艳丽且芳香，可孤植、列植、丛植或散植于林下、路缘、草地、花境、建筑前等处。为优良的庭院观赏植物。

花果期：花期2～3月，果期8～9月。

观赏价值：★★★★★

八角（八角茴香）

Illicium verum

科属： 八角科八角属。

特征： 常绿乔木。叶散生或集生，革质，倒卵状椭圆形、倒披针状或椭圆形，长5~14cm，宽2~4cm，侧脉两面不明显；叶柄长1~2cm。花红色，单生叶腋或近顶生；花被片7~12片；雄蕊11~20枚。聚合果蓇葖常8枚。

来源： 栽培。主产于广西、福建、广东、云南。

观赏特性与用途： 树体挺拔，四季常绿，可用作园景树。果为著名的调味香料；果、种子、枝叶可榨芳香油，也供药用。

花果期： 春花期3~5月，果期9~10月；秋花期8~10月，果期次年3~4月。

观赏价值： ★★★

假鹰爪 | *Desmos chinensis*

科属: 番荔枝科假鹰爪属。

特征: 常绿灌木。除花外，全株无毛。叶长圆形或椭圆形，长4～13cm，宽2～5cm，基部圆形或稍偏斜，上面有光泽，下面粉绿色。花黄白色，单朵；花梗长2～5.5cm；萼片长3～5mm；外轮花瓣比内轮花瓣大，长达9cm，宽达2cm；花托凸起。果有柄，念珠状，长2～5cm；内有种子1～7颗，直径约5mm。

来源与生境: 野生。生于低海拔旷地、荒野及山谷等地。

观赏特性与用途: 树形美观，花果奇特，观赏价值高，宜作垂直绿化或花灌木。根、叶药用，鲜花可提取芳香油。

花果期: 花期夏至冬季，果期6月至次年春季。

观赏价值: ★ ★ ★

阴香   *Cinnamomum burmannii*

科属： 樟科樟属。

特征： 常绿乔木。树皮平滑，有肉桂香味。叶革质至薄革质，不规则的对生或互生，卵形至长圆形或长椭圆状披针形，长6～10cm，宽2.5～4cm，先端渐尖，下面粉绿色，无毛，离基三出脉，但脉腋无腺点；叶柄长0.6～1cm。圆锥花序腋生或近顶生，长2～6cm，比叶短。

来源： 栽培。原产我国。

观赏特性与用途： 冠形优美，四季常绿，常孤植、群植，作为庭园风景树、庭荫树，抗大气污染能力强，可列植为行道树。

花果期： 花期主要在秋、冬季，果期主要在冬末及春季。

观赏价值： ★★★★

樟（香樟、樟树）   *Cinnamomum camphora*

科属： 樟科樟属。

特征： 常绿大乔木。枝、叶、果实、木材均有樟脑气味。叶革质，卵形、卵状椭圆形，长6～12cm，宽2.5～5.5cm，无毛，离基三出脉，脉腋有明显的腺窝；上面绿色或黄绿色，有光泽，下面黄绿色或粉绿色，晦暗。圆锥花序腋生。果球形，直径6～8mm，熟时紫黑色，果托杯状。

来源与生境： 野生，并有栽培。常生于山坡或沟谷中。

观赏特性与用途： 树冠圆浑，树姿雄伟，枝叶浓密青翠，可群植或片植营造风景林、防风林，也可孤植作庭荫树，或列植作行道树。

花果期： 花期4～5月，果期10～11月。

观赏价值： ★★★

肉桂（玉桂）　　　　　*Cinnamomum cassia*

科属： 樟科樟属。

特征： 常绿乔木。幼枝稍四棱；幼枝、叶背、叶柄、花序梗、花梗、花被片均被绒毛。叶长椭圆形或近披针形，长8～16（～34）cm，先端稍骤尖，边缘内卷，离基三出脉；叶柄长1.2～2cm。花序长8～16cm；花梗长3～6mm；能育雄蕊长2.3～2.7mm。果椭圆形，长约1cm，黑紫色，无毛；果托浅杯状，高4mm，径达7mm，边缘平截或稍具齿。

来源： 栽培。原产我国。

观赏特性与用途： 枝叶浓密，可用于园林绿化或作行道树。树皮、叶均有强烈气味，是重要香料；全株可入药。

花果期： 花期6～8月，果期10～12月。

观赏价值： ★★★

山鸡椒（山苍子）　　　　*Litsea cubeba*

科属： 樟科木姜子属。

特征： 落叶小乔木或灌木状。先花后叶或花叶同期。枝、叶芳香，小枝无毛。叶互生，披针形或长圆形，长4～11cm，先端渐尖，两面无毛；叶柄长0.6～2cm，无毛。伞形花序单生或簇生，花序梗长0.6～1cm；花梗无毛；花被片宽卵形；花丝中下部被毛；果近球形，径约5mm，无毛，果柄长2～4mm。

来源与生境： 野生。生于向阳的山地、灌丛、疏林或林中路旁。

观赏特性与用途： 树形秀丽，花果繁茂且芳香，冬秋叶全落，野趣盎然，可林植营造森林景观。

花果期： 花期2～3月，果期7～8月。

观赏价值： ★★★

威灵仙　　　　　　　　　*Clematis chinensis*

科属： 毛茛科铁线莲属。

特征： 常绿木质藤本，干后变黑色。茎、小枝近无毛。一回羽状复叶有5枚小叶，有时3枚或7枚，偶尔第一、二对2～3裂至2～3枚小叶；小叶长1.5～10cm，全缘，两面近无毛。常为圆锥状聚伞花序，多花；花直径1～2cm；萼片4片或5片，开展，白色，外面边缘密生茸毛，雄蕊无毛。瘦果扁长5～7mm，有柔毛；宿存花柱长2～5cm。

来源与生境： 野生。生于山坡、山谷灌丛中或沟边、路旁草丛中。

观赏特性与用途： 花繁茂洁白，可作观赏藤蔓攀附于花架、墙垣。

花果期： 花期6～9月，果期8～11月。

观赏价值： ★★★

禺毛茛　　　　　　　　　*Ranunculus cantoniensis*

科属： 毛茛科毛茛属。

特征： 多年生草本。茎直立，与叶柄、花梗均密生开展的黄白色糙毛。三出复叶，基生叶和下部叶有长柄；小叶宽2～4cm，2～3中裂，边缘密生锯齿或齿牙；上部叶渐小，3全裂。花序有较多花，疏生；花梗长2～5cm；花直径1～1.2cm；花瓣5，长5～6mm。聚合果近球形，直径约1cm；瘦果扁平，长约3mm，顶端弯钩状，长约1mm。

来源与生境： 野生。生于沟旁水湿地、潮湿草地。

观赏特性与用途： 植株直立，花生枝顶，花色金黄，可种于水边等潮湿处供观赏。

花果期： 花果期4～7月。

观赏价值： ★★★

莲（荷花、莲花）

Nelumbo nucifera

科属：莲科莲属。

特征：多年生水生草本。根状茎横生，肥厚，节间膨大，内有多数纵行通气孔道，节部缢缩。叶圆形，盾状，直径25～90cm，下面叶脉从中央射出；叶柄粗壮，长1～2m。花直径10～20cm，美丽，芳香；花瓣红色、粉红色或白色；花托（莲房）直径5～10cm。坚果长1.8～2.5cm，坚硬，熟时黑褐色。

来源：栽培。原产我国。

观赏特性与用途：叶圆形美观，花形美丽，花色丰富，为中国十大传统名花之一，是全国各地夏季常用水生花卉。可丛植、片植于湖边、池塘等静态水体中，丰富水体景观效果。

花果期：花期6～8月，果期8～10月。

观赏价值：★★★★★

香睡莲

Nymphaea odorata

科属：睡莲科睡莲属。

特征：多年生水生草本。根茎平卧。叶圆形或长圆形，直径8～25cm，全缘，裂刻深，表面暗绿色，背面常为紫色。花香，白色带粉红。

来源：栽培。原产巴西。喜光。

观赏特性与用途：叶片散浮水面，花朵端庄清丽，花色丰富，可丛植、片植于湖边、池塘等静态水体中丰富水体景观效果，也可植于水缸点缀景观。

观赏价值：★★★★★

柔毛齿叶睡莲

Nymphaea pubescens

科属： 睡莲科睡莲属。

特征： 多年水生草本。叶卵状圆形，直径15～26cm，基部具深弯缺，边缘有弯缺三角状锐齿，上面无毛，下面带红色，密生柔毛或近无毛。花瓣12～14，白色、红色或粉红色，长5～9cm，具5纵条纹；雄蕊花药先端不延长，花丝扩大，宽约2mm。浆果为凹下的卵形，长约5cm。

来源： 栽培。原产我国云南、台湾。

观赏特性与用途： 叶片散浮水面，花朵端庄清丽，花色丰富，常用于绿化美观水体。

花果期： 花期8～10月，果期9～11月。

观赏价值： ★★★★★

南天竹

Nandina domestica

科属： 小檗科南天竹属。

特征： 常绿小灌木。茎常丛生而少分枝，高1～3m，光滑无毛；幼枝常为红色。叶互生，集生于茎的上部，三回羽状复叶，长30～50cm；小叶薄革质，长2～10cm，宽0.5～2cm，全缘，上面深绿色，冬季变红色；近无柄。圆锥花序直立，长20～35cm；花小，白色，具芳香，直径6～7mm。浆果球形，直径5～8mm，熟时鲜红色。

来源： 栽培。原产我国。

观赏特性与用途： 株形秀美，羽叶扶疏，秋叶红艳，冬季果实鲜红，经久不落，可盆栽观赏，或列植、丛植于庭院、林缘、路缘、花境等处或孤植于山石边、角隅等处点景。

花果期： 花期3～6月，果期5～11月。

观赏价值： ★★★★★

假蒟（假蒌） *Piper sarmentosum*

科属： 胡椒科胡椒属。

特征： 多年生、匍匐、逐节生根草本。小枝幼时被微柔毛，节膨大。叶薄纸质或近膜质，有细腺点，下部的叶阔卵形或近圆形，长7～14cm，基部心形，两侧近相等；上部的叶小，卵形或卵状披针形，基部浅心形；叶鞘长约为叶柄之半。花单性，雌雄异株，聚集成与叶对生的穗状花序；雄花序长1.5～2cm；雌花序长6～8mm，于果期稍延长。

来源与生境： 野生或栽培。生于常绿林中或村旁湿地上。耐荫蔽。

观赏特性与用途： 叶片翠绿，叶面油亮，宜栽作林下、林缘、屋旁地被植物。全株可入药，叶片可食用。

花果期： 花期4～11月。

观赏价值： ★★★

蕺菜（鱼腥草） *Houttuynia cordata*

科属： 三白草科蕺菜属。

特征： 多年生草本。枝叶腥臭。茎下部伏地，上部直立，有时带紫红色。叶薄纸质，有腺点，卵形或阔卵形，长4～10cm，基部心形，背面常呈紫红色；叶脉5～7条；叶柄无毛；托叶鞘状，略抱茎。花序长约2cm；总苞片长圆形或倒卵形，长10～15mm，宽5～7mm，顶端钝圆，白色。蒴果长2～3mm。

来源与生境： 野生或栽培。生于沟边、溪边或林下湿地上。

观赏特性与用途： 喜阴植物，叶茂花繁，可作林下地被植物，宜丛植于溪沟旁，或群植于潮湿的疏林下。全株入药，嫩根茎可食，常作蔬菜或调味品。

花果期： 花期4～8月，果期6～10月。

观赏价值： ★★★

草珊瑚　　　　　　　　　　　　*Sarcandra glabra*

科属： 金粟兰科草珊瑚属。

特征： 常绿半灌木。茎与枝均有膨大的节。叶革质，椭圆形、卵形至卵状披针形，长6～17cm，宽2～6cm，边缘具粗锐锯齿，齿尖有一腺体，两面均无毛；叶柄长0.5～1.5cm，基部合生成鞘状；托叶钻形。穗状花序顶生，常分枝，连花序梗长1.5～4cm；花黄绿色；雄蕊1枚，肉质。核果球形，直径3～4mm，熟时亮红色。

来源与生境： 野生或栽培。生于山坡林下。

观赏特性与用途： 株形秀丽，叶色墨绿，果实红艳，可盆栽或地植为地被景观。全株药用，有祛风活血、消肿止痛、清热解毒、抗菌消炎功效。

花果期： 花期6月，果期8～10月。

观赏价值： ★★

北越紫堇（台湾黄堇）　　　　*Corydalis balansae*

科属： 紫堇科紫堇属。

特征： 一年生丛生草本。具主根。茎具棱。基生叶早枯；下部茎生叶长15～30cm，具长柄，叶片下面苍白色，二回羽状全裂。总状花序多花；花梗长3～5mm；花黄色至黄白色；外花瓣勺状，具龙骨状突起，鸡冠状突起仅限于龙骨状突起之上；上花瓣长1.5～2cm；距短囊状，约占花瓣长的1/4。蒴果线状长圆形，约长3cm。

来源与生境： 野生。生于山谷或沟边湿地。

观赏特性与用途： 花色鲜黄明快，有较高的观赏价值，是良好的耐阴观花及水土保持植物，可种植于林下或溪谷旁。

观赏价值： ★★★

辣木　　　　　　　　　　　　　　　*Moringa oleifera*

科属： 辣木科辣木属。

特征： 乔木。枝有明显的皮孔及叶痕，小枝被短柔毛。叶常为三回羽状复叶，羽片基部具腺体；叶柄基部鞘状；羽片4～6对；小叶3～9，薄纸质，长1～2cm。花序广展，长10～30cm。蒴果长20～50cm，径1～3cm，下垂；种子近球形，有3棱，每棱有膜质的翅。

来源与生境： 栽培。原产印度。

观赏特性与用途： 植株通直、高大，叶形优美，常栽培供观赏；胚根、叶和嫩果可食用。

花果期： 花期全年，果期6～12月。

观赏价值： ★★★

紫花地丁（犁头草） — *Viola philippica*

科属： 堇菜科堇菜属。

特征： 多年生草本，无地上茎，高4～14cm。叶多数，基生，莲座状，长1.5～4cm，边缘具较平的圆齿；托叶膜质，长1.5～2.5cm，2/3～4/5与叶柄合生，离生部分线状披针形。花紫堇色或淡紫色，喉部色较淡并带有紫色条纹；侧方花瓣长1～1.2cm。蒴果长圆形，长5～12mm，无毛；种子卵球形，长1.8mm，淡黄色。

来源与生境： 野生。生于草坪、田间、荒地、山坡草丛、林缘或路边。

观赏特性与用途： 株形小巧，叶形奇特，花色丰富，为常见野生小型草花，可盆栽观赏或植作地被。

花果期： 花果期4月中下旬至9月。

观赏价值： ★★

石竹 — *Dianthus chinensis*

科属： 石竹科石竹属。

特征： 多年生草本，全株无毛，带粉绿色。茎疏丛生，直立，上部分枝。叶片线状披针形，长3～5cm，宽2～4mm。花单生枝端或数花集成聚伞花序；花梗长1～3cm；苞片4，边缘膜质；花萼圆筒形，长15～25mm，直径4～5mm，有缘毛；花瓣长16～18mm，紫红色、粉红色、鲜红色或白色，顶缘不整齐齿裂，喉部有斑纹，疏生髯毛；雄蕊露出喉部外。

来源： 栽培。原产我国北方。

观赏特性与用途： 植株秀美，花朵繁富，花色多样，是世界著名花卉，可栽作花坛、花境或花台，盆栽摆设或片植作花地被景观，也可作切花材料。

花果期： 花期5～6月，果期7～9月。

观赏价值： ★★★★★

大花马齿苋　　　　　　　　　*Portulaca grandiflora*

科属： 马齿苋科马齿苋属。

特征： 一年生肉质草本。高10～30cm。茎平卧或斜升，紫红色，多分枝，节上丛生毛。叶片细圆柱形，长1～2.5cm，直径2～3mm，无毛。花单生或数朵簇生枝端，直径2.5～4cm；总苞8～9片，叶状，轮生；花瓣5或重瓣，顶端微凹，长12～30mm，红色、紫色或黄白色；雄蕊多数。蒴果盖裂；种子细小，多数。

来源： 栽培。原产巴西，现广泛栽培。喜光花卉。

观赏特性与用途： 花朵繁富，花色多样，可盆栽或片植为观花地被。繁殖容易，扦插或播种均可，可作盆栽摆设，或群植、片植用于花坛、花境、花台、花钵、路缘等处。

花果期： 花期6～9月，果期8～11月。

观赏价值： ★★★★★

环翅马齿苋（阔叶半枝莲）　　*Portulaca umbraticola*

科属： 马齿苋科马齿苋属。

特征： 茎细弱，有棱，上下等粗。叶片扁平，肥厚，倒卵形，全缘。花大，直径比叶长，果期基部有环翅；花瓣5，黄色、白色、粉色、红色等，也有重瓣品种。蒴果；种子细小。

来源： 栽培。原产南美洲。喜光花卉。

观赏特性与用途： 花色丰富，品种繁多，且有重瓣品种，常用作花坛、花境，匍匐性强，也是优良的地被植物。

花果期： 花期5～8月，果期6～9月。

观赏价值： ★★★★★

土人参

Talinum paniculatum

科属：马齿苋科土人参属。

特征：一年生草本。全株无毛。主根粗壮。茎直立，肉质。叶具短柄或近无柄，叶片稍肉质，倒卵形或倒卵状长椭圆形，长5～10cm，基部狭楔形，全缘。圆锥花序常二叉状分枝，具长花序梗；花小，直径约6mm；花梗长5～10mm；花瓣粉红色或淡紫红色；雄蕊(10～)15～20；柱头3裂。蒴果直径约4mm；种子多数。

来源：原产于热带美洲，现多逸为野生，并有栽培。

观赏特性与用途：植株小巧秀丽，小花粉红可观，可片植作地被植物。根入药，有滋补强壮功效。

花果期：花期6～8月；果期9～11月。

观赏价值：★★

火炭母

Polygonum chinense

科属：蓼科蓼属。

特征：多年生草本。茎具纵棱，多分枝。叶卵形或长卵形，长4～10cm，宽2～4cm，基部截形或宽心形，全缘，下部叶具叶柄；托叶鞘膜质，无毛，长1.5～2.5cm，顶端偏斜，无缘毛。花序头状，常数个排成圆锥状，花序梗被腺毛；花被5深裂，白色或淡红色，果时增大，呈肉质，蓝黑色；雄蕊8；花柱3。瘦果具3棱，黑色。

来源与生境：野生。生于山谷湿地、路边、山坡草地。

观赏特性与用途：叶片有"V"形紫红彩斑，可片植为地被，果可食用；根状茎供药用，清热解毒、散瘀消肿。

花果期：花期7～9月，果期8～10月。

观赏价值：★★

垂序商陆（美洲商陆） *Phytolacca americana*

科属：商陆科商陆属。

特征：多年生草本。根粗壮，肥大。茎有时带紫红色。叶片椭圆状卵形或卵状披针形，长9～18cm，宽5～10cm，基部楔形。总状花序顶生或侧生，长5～20cm；花梗长6～8mm；花白色，微带红晕，直径约6mm；花被片5，雄蕊、心皮及花柱通常均为10，心皮合生。果序下垂；浆果扁球形，熟时紫黑色。

来源：野生。原产北美，引入栽培，现已逸为野生。

观赏特性与用途：株形秀美，果串下垂奇特，果色丰富，可盆栽或地栽观赏。

花果期：花期6～8月，果期8～10月。

观赏价值：★★★

锦绣苋（红草） *Alternanthera bettzickiana*

科属：苋科莲子草属。

特征：多年生小型草本。茎直立或基部匍匐，多分枝。叶片矩圆形、矩圆倒卵形或匙形，长1～6cm，宽0.5～2cm，基部渐狭，边缘皱波状，绿色或红色，幼时有柔毛后脱落；叶柄长1～4cm。头状花序2～5个丛生，长5～10mm，无总花梗；花被片白色。

来源：栽培。原产巴西。

观赏特性与用途：枝叶细密，色彩丰富，可用于布置模纹花坛，尤宜布置立体模纹花坛。

花果期：花期8～9月，果实不发育。

观赏价值：★★★★

巴西莲子草（红龙草、大叶红草、紫杯苋）　　　*Alternanthera brasiliana*

科属： 苋科莲子草属。

特征： 多年生草本。高15～20cm，茎为假二歧分枝。叶对生，叶色紫红至紫黑色。头状花序密聚成粉色小球。

来源： 栽培。原产美洲。

观赏特性与用途： 株形秀丽，叶色紫红，耐修剪，可丛植、片植，或群植用于花坛、绿化带、花境、路缘、林缘等处。

花果期： 冬季开花，不结果。

观赏价值： ★★★★

青葙　　　*Celosia argentea*

科属： 苋科青葙属。

特征： 一年生草本。全体无毛；茎直立，绿色或红色，具显明条纹。叶片长5～8cm，宽1～3cm，绿色常带红色，顶端急尖或渐尖，基部渐狭。花多数，密生，在茎端或枝端成单一、无分枝的塔状或圆柱状穗状花序，长3～10cm；花被片长6～10mm，初为白色顶端带红色，或全部粉红色，后成白色；花药紫色。

来源与生境： 原产印度，现逸为野生。生于山谷河滩、山坡、荒地、农田。

观赏特性与用途： 株形松散，花色红白之间变化，花序宿存经久不凋，可撒播布置花境。

花果期： 花期5～8月，果期6～10月。

观赏价值： ★★★

鸡冠花

Celosia cristata

科属: 苋科青葙属。

特征: 一年生草本。叶片卵形、卵状披针形或披针形,宽2~6cm。花多数,极密生,成扁平肉质鸡冠状、卷冠状或羽毛状的穗状花序,一个大花序下面有数个较小的分枝,圆锥状矩圆形,表面羽毛状;花被片红色、紫色、黄色、橙色或红黄相间。

来源: 栽培,偶见逸为野生。

观赏特性与用途: 花型多样,以呈鸡冠状常见,花色丰富,可作盆栽摆设,或群植、片植用于花坛、花境、花台、路缘等处。

花果期: 花果期7~9月。

观赏价值: ★★★★★

阳桃(杨桃、甜杨桃)

Averrhoa carambola

科属: 酢浆草科阳桃属。

特征: 常绿乔木。树皮暗灰色,不规则细纵裂。奇数羽状复叶,互生,长10~20cm;小叶5~13枚,全缘,卵形或椭圆形,长3~7cm,宽2~3.5cm,顶端渐尖,基部一侧歪斜。花小,微香,数朵至多朵组成聚伞花序,自叶腋出或着生于枝干上,花枝和花蕾深红色;花瓣5枚,白色至淡紫色,长8~10mm;雄蕊10枚。

来源: 栽培。原产马来西亚、印度尼西亚。

观赏特性与用途: 树冠美观,羽叶扶疏,老茎开花挂果,果形五棱奇特,观赏价值较高,更是热带著名水果,鲜食或可加工成多种类型食品,可孤植作庭荫树或丛植、片植于公园内作园景树。

花果期: 花期4~12月,果期7~12月。

观赏价值: ★★★

酢浆草（黄花酢浆草）　　　　　　　　*Oxalis corniculata*

科属： 酢浆草科酢浆草属。

特征： 多年生草本。高10～35cm，全株被柔毛。茎细弱，多分枝，匍匐，节上生根。叶基生或茎上互生；叶柄长1～13cm，基部具关节；小叶3，无柄，倒心形，长4～16mm。花单生或数朵集为伞形花序状，腋生；花梗长4～15mm；萼片5，宿存；花瓣5，黄色，长6～8mm；雄蕊10枚，长、短互间。蒴果长圆柱形，长1～2.5cm，5棱。

来源与生境： 野生。生于山坡草池、河谷沿岸、路边、田边、荒地等。

观赏特性与用途： 植株低矮匍匐，黄花点点可观，生长快，且花期长，可盆栽观赏或地植为观赏地被。

花果期： 花果期2～9月。

观赏价值： ★★

红花酢浆草　　　　　　　　　　　　　*Oxalis corymbosa*

科属： 酢浆草科酢浆草属。

特征： 多年生草本。无地上茎，地下部分有球状鳞茎。叶基生；叶柄长5～30cm，被毛；小叶3，扁圆状倒心形，长1～4cm，顶端凹。总花梗基生，二歧聚伞花序，常排列成伞形花序式，花梗、苞片、萼片均被毛；花瓣5，倒心形，长1.5～2cm，淡紫色至紫红色，基部颜色较深；雄蕊10枚；花柱5，被长柔毛，柱头浅2裂。

来源： 原产南美热带地区，逸为野生。

观赏特性与用途： 植株低矮，叶片茂密，碧绿青翠，红花繁多，烂漫可爱。可布置于花坛、花境、花丛、花群、花台或观花地被。

花果期： 花果期3～12月。

观赏价值： ★★★

华凤仙　　　　　　　　　　　*Impatiens chinensis*

科属: 凤仙花科凤仙花属。

特征: 一年生草本。茎纤细，无毛，上部直立，下部横卧，节略膨大。叶对生，无柄或几无柄；叶片线形或线状披针形，长2～10cm，宽0.5～1cm，基部有托叶状的腺体，边缘疏生刺状锯齿。花较大，单生或2～3朵簇生于叶腋，紫红色或白色；花梗细，长2～4cm；唇瓣基部渐狭成内弯或旋卷的长距。

来源与生境: 野生。生于水沟旁、池塘、田边及沼泽地。

观赏特性与用途: 株形秀丽，花形奇特，可栽植于水边、向阳潮湿处。

花果期: 花期6～9月，果期9～11月。

观赏价值: ★★★

苏丹凤仙花（非洲凤仙花）　　　*Impatiens walleriana*

科属: 凤仙花科凤仙花属。

特征: 多年生肉质草本。茎直立。叶互生或上部螺旋状排列，具柄，长4～12cm，宽2.5～5.5cm；沿叶柄具1～2、稀数个具柄腺体，边缘具圆齿状小齿，齿端具小尖，两面无毛。常具2花，稀具3～5花，长3～5 (6)cm；花大小及颜色多变化。

来源: 栽培。原产于非洲，现广泛栽培。

观赏特性与用途: 叶片亮绿，繁花满株，色彩绚丽，全年开花不绝，可作盆栽摆设或与其他花卉相互搭配作盆栽，用于花坛、花境、花台，也可垂吊用于立体绿化。

花果期: 花期6～10月。

观赏价值: ★★★★★

细叶萼距花（满天星）

Cuphea hyssopifolia

科属： 千屈菜科萼距花属。

特征： 常绿矮灌木。多分枝，全株高20～50cm。叶小，对生或近对生，纸质，狭长圆形至披针形，顶端稍钝或略尖，基部钝，稍不等侧，全缘。花单朵，腋外生，紫色或紫红色，花瓣6片。蒴果近长圆形，较少结果。

来源： 栽培。原产墨西哥，现热带地区广为栽培。

观赏特性与用途： 枝繁叶茂，叶色浓绿，花美丽而周年开花不绝，犹如繁星点点。耐修剪，易成形，可用作矮绿篱，适于花丛、花坛边缘、路缘种植，亦可作地被栽植或盆栽观赏。

观赏价值： ★★★★★

紫薇（小叶紫薇）　　　　　*Lagerstroemia indica*

科属： 千屈菜科紫薇属。

特征： 落叶灌木或小乔木。树皮平滑，灰色或灰褐色；枝干多扭曲，小枝纤细，具4棱。叶对生，几无柄，纸质，长2.5～7cm，宽1.5～4cm；侧脉3～7对。花淡红、紫色或白色，直径3～4cm，常组成长7～20cm的顶生圆锥花序；中轴及花梗均被柔毛；花瓣6枚，长10～20mm；雄蕊多数。蒴果直径约1.2cm，6瓣裂；种子有翅。

来源： 栽培。原产亚洲，现广植于热带地区。

观赏特性与用途： 株形秀丽，花姿优美，花色艳丽，花期长，易塑型，可栽作花灌木，也可将茎枝编织为各式造型树形。

花果期： 花期6～9月，果期9～12月。

观赏价值： ★★★★★

大花紫薇 *Lagerstroemia speciosa*

科属: 千屈菜科紫薇属。

特征: 落叶大乔木。树皮灰色，平滑；小枝圆柱形。叶革质，矩圆状椭圆形或卵状椭圆形，长10～25cm，宽6～12cm，两面无毛。花淡红色或紫色，直径约5cm；顶生圆锥花序，花轴、花梗及花萼外面均被黄褐色糠秕状密毡毛；花萼长12～13mm，有棱12条，6裂，附属体鳞片状；花瓣6枚；雄蕊多数。蒴果长2～3.8cm，直径2～3cm，6裂。

来源: 引种栽培。原产于南亚至东南亚。

观赏特性与用途: 树形伞状奇特，花朵紫红繁茂，花期长，可栽作园景树、行道树或观花树。可孤植、丛植作风景树或庭荫树，也可列植作城市道路行道树。

花果期: 花期5～7月，果期10～11月。

观赏价值: ★ ★ ★ ★ ★

圆叶节节菜 *Rotala rotundifolia*

科属: 千屈菜科节节菜属。

特征: 一年生草本，各部无毛。根茎细长，匍匐地上；茎单一或稍分枝，直立，丛生，高5～30cm，带紫红色。叶对生，无柄或具短柄，近圆形、阔倒卵形或阔椭圆形，长5～10mm，有时可达20mm，顶端圆形。花单生于苞片内，组成顶生稠密的穗状花序，花序长1～4cm；花极小，长约2mm；花瓣4，淡紫红色；雄蕊4。

来源与生境: 野生。生于水田或潮湿的地方。

观赏特性与用途: 植株矮小，形态娇美，花量大，观赏价值高。耐水淹，可沉水栽培，为优良的湿地观赏植物。

花果期: 花、果期12月至次年6月。

观赏价值: ★★★

石榴 *Punica granatum*

科属: 石榴科石榴属。

特征: 落叶灌木或乔木，高常3～5m。枝顶常成尖锐长刺，幼枝具棱角，无毛。叶常对生，纸质，矩圆状披针形，长2～9cm，上面光亮；叶柄短。花大，1～5朵生枝顶；萼筒长2～3cm，裂片略外展；花瓣通常大，红色、黄色或白色，长1.5～3cm，宽1～2cm。浆果近球形，直径5～12cm，常为淡黄褐色或淡黄绿色。种子多数，红色至乳白色，肉质的外种皮供食用。

来源: 栽培。原产巴尔干半岛至伊朗地区。

观赏特性与用途: 树姿优美，枝叶秀丽，可孤植、列植、丛植于花坛、花境、路缘、林缘、建筑前等处。中国传统文化视石榴为吉祥物，象征多子多福。

观赏价值: ★★★★★

粉绿狐尾藻

Myriophyllum aquaticum

科属： 小二仙草科狐尾藻属。

特征： 多年生挺水或沉水草本，植株长50～80cm。茎上部直立，下部具有沉水性。叶轮生，叶片圆扇形，一回羽状，两侧有8～10片淡绿色的丝状小羽片。雌雄异株，穗状花序，白色。

来源： 栽培。原产南美洲。

观赏特性与用途： 株形秀美，枝叶青翠，适合于水池、湖泊、池塘等静水水体的岸边绿化，能净化水体，或用于水族箱观赏。

花果期： 花期7～8月。

观赏价值： ★ ★ ★ ★ ★

土沉香（白木香）

Aquilaria sinensis

科属： 瑞香科沉香属。

特征： 常绿乔木；树皮暗灰色，近于平滑。小枝、花序被疏柔毛。叶薄革质，有光泽，卵形、倒卵形至椭圆形，长5～11cm，宽3～9cm；除背面中脉上被稀疏柔毛外，两面无毛；叶柄长约5mm，被毛。花黄绿色，有芳香；子房卵形，柱头头状。蒴果木质，密被灰黄色短柔毛，2裂；种子棕黑色，1～2粒。

来源： 栽培。原产我国华南、西南地区

观赏特性与用途： 树形美观，枝繁叶茂，四季常青，花芳香，木材内的树脂是名贵香料；可孤植、丛植作园景树，也可散植于高大乔木下丰富林层景观。

花果期： 春夏花开，秋季果熟。

观赏价值： ★ ★ ★

保护等级： 国家二级重点保护野生植物。

三角梅（叶子花、宝巾花）

Bougainvillea spectabilis

科属： 紫茉莉科叶子花属。

特征： 常绿藤状灌木。枝、叶密生柔毛；刺腋生、下弯。叶片椭圆形或卵形，基部圆形，有柄。花序腋生或顶生；苞片椭圆状卵形，基部圆形至心形，长2.5～6.5cm，宽1.5～4cm，暗红色或淡紫红色；花被管狭筒形，长1.6～2.4cm，绿色，密被柔毛，顶端5～6裂，裂片开展，黄色，长3.5～5mm；雄蕊通常8；子房具柄。果实长1～1.5cm，密生毛。

来源： 栽培。原产热带美洲。喜光耐旱。

观赏特性与用途： 藤蔓可攀高至30m，姿态奇特，花苞片大，色彩鲜艳如花，且持续时间长，耐修剪，宜作花架、花门、墙垣绿化美化之用。

花果期： 花期冬春间。

观赏价值： ★★★★★

紫茉莉 | *Mirabilis jalapa*

科属： 紫茉莉科紫茉莉属。

特征： 二年生草本。根肥粗。茎直立，多分枝，节稍膨大。叶片卵形或卵状三角形，长3～15cm，宽2～9cm，顶端渐尖，基部截形或心形，全缘，两面均无毛；叶柄长1～4cm。花常数朵簇生枝端；花梗长1～2mm；总苞钟形，长约1cm，5裂，果时宿存；花被紫红色、黄色、白色或杂色，高脚碟状，檐部直径2.5～3cm，5浅裂；雄蕊5枚，花丝细长。瘦果球形，直径5～8mm，黑色，表面具皱纹。

来源： 栽培。原产热带美洲，为观赏花卉，有时逸为野生。

观赏特性与用途： 株形秀丽，花色艳丽，果实酷似小地雷，可种植于路缘、林缘、建筑前、山石旁等处。

花果期： 花期6～10月，果期8～11月。

观赏价值： ★★★★

台琼海桐（台湾海桐） | *Pittosporum pentandrum* var. *formosanum*

科属： 海桐花科海桐花属。

特征： 常绿小乔木。嫩枝被锈色柔毛。叶倒卵形或长圆状倒卵形，长4～10cm，宽3～5cm，基部下延，狭楔形；叶柄长5～12mm。圆锥花序顶生，由多数伞房花序组成，长4～8cm，密被锈褐色柔毛；花梗长3～6mm；子房卵形，基部被锈褐色柔毛。蒴果扁球形，长6～8mm，径7～9mm，2瓣裂开；种子均10～16粒，长3mm。

来源： 栽培。分布于我国台湾、广东。越南也产。

观赏特性与用途： 树形美观，枝繁叶茂，花朵洁白芳香，可孤植、丛植或列植，也可栽作绿篱。

花果期： 花期5～10月。

观赏价值： ★★★★★

海桐（海桐花、光叶海桐） *Pittosporum tobira*

科属：海桐花科海桐花属。

特征：常绿小乔木或灌木。嫩枝被褐色柔毛。叶革质，倒卵形或倒卵状披针形，长4～9cm，宽1.5～4cm，先端圆钝，常微凹，基部窄楔形，叶缘反卷；叶柄长2cm。伞形花序或伞房花序顶生或近顶生，密被黄褐色柔毛；花梗长1～2cm；花白色，芳香。蒴果圆球形，有棱或呈三棱形，径1～1.2cm，3瓣裂开，果片木质；种子多数，红色。

来源：栽培。分布于长江以南滨海各地，多为栽培供观赏。

观赏特性与用途：株形圆浑，枝繁叶茂，四季常青，花味芳香，是著名的观叶观形植物。可植于庭院、林缘、路缘、花境、建筑入口、山石边点景，也可用作绿篱、造型树。

花果期：花期5～6月，果期9～10月。

观赏价值：★★★★★

鸡蛋果（百香果）

Passiflora edulis

科属： 西番莲科西番莲属。

特征： 草质藤本。叶纸质，长6～13cm，宽8～13cm，掌状3深裂，近裂片缺弯的基部有1～2个杯状小腺体，无毛。聚伞花序退化仅存1花，与卷须对生；花芳香，直径约4cm；花瓣5枚；外副花冠裂片4～5轮，外2轮裂片丝状；雌雄蕊柄长1～1.2cm；雄蕊5枚，扁平；花柱3枚，扁棒状。浆果卵球形，直径3～4cm，无毛，熟时紫色；种子多数。

来源： 栽培。原产美洲加勒比海大小安的列斯群岛。

观赏特性与用途： 藤蔓柔长，花型奇特，花大而美丽，可作观赏藤蔓用于攀附花架或墙垣；果实是著名水果。

花果期： 花期6月，果期11月。

观赏价值： ★ ★ ★ ★

龙珠果

Passiflora foetida

科属： 西番莲科西番莲属。

特征： 多年生草质藤本。茎、叶柄被平展柔毛。叶膜质，宽卵形至长圆状卵形，长4.5～13cm，先端3浅裂，基部心形，边缘常具头状缘毛；不具腺体；托叶半抱茎。聚伞花序退化仅存1花，与卷须对生；花白色或淡紫色，具白斑，直径2～3cm；苞片3枚，一至三回羽状分裂，裂片丝状；花瓣5枚；外副花冠裂片3～5轮，丝状。浆果直径2～3cm。

来源： 野生。原产西印度群岛，常见逸生于草坡路边。

观赏特性与用途： 花型奇特，花乳白色中略带紫色，清新淡雅。可用于攀缘棚架、栅栏等。果味甜可食。

花果期： 花期7～8月，果期次年4～5月。

观赏价值： ★ ★ ★

四季秋海棠

Begonia cucullata

科属: 秋海棠科秋海棠属。

特征: 多年生草本。茎直立，稍肉质，高15～30cm。单叶互生，有光泽，卵圆至广卵圆形，先端急尖或钝，基部稍心形而斜生，边缘有小齿和缘毛，绿色。聚伞花序腋生，具数花，花红色，淡红色或白色。蒴果具翅。

来源: 栽培。原产巴西。

观赏特性与用途: 叶色光亮，花型多样，花色艳丽，四季盛开不绝，是盛花花坊、模纹花坊、花带、吊盆观赏的理想花材。

花果期: 花期3～12月。

观赏价值: ★★★★★

番木瓜（木瓜）

Carica papaya

科属: 番木瓜科番木瓜属。

特征: 软木质常绿小乔木。茎不分枝；有螺旋状排列的粗大叶痕。叶大，生茎顶，近圆形，常7～9深裂，直径可达60cm，裂片羽状分裂；叶柄中空，长常超过60cm。花单性或两性，同株或异株；雄花排成长1m的下垂圆锥花序；花冠乳黄色，下半部合生成筒状，雌花单生或数朵排成伞房花序。浆果大，矩圆形，长可达30cm，熟时橙黄色。

来源: 栽培。原产热带美洲。

观赏特性与用途: 树干单一，独具风格，硕果累累，一年四季开花结果不绝，可作观形或观果树木。果实甜蜜可食，为著名热带水果。

花果期: 花果期全年。

观赏价值: ★★★★

胭脂掌（无刺仙人掌）
Opuntia cochinellifera

科属： 仙人掌科仙人掌属。

特征： 肉质灌木或小乔木。分枝多数，椭圆形、长圆形至狭倒卵形，无毛，暗绿色至淡蓝绿色；小窠散生，不突出。叶钻形，绿色，早落。花近圆柱状；花被片直立，红色；花丝红色。浆果椭圆球形，无毛，红色，每侧有10～13个小而略突起的小窠，小窠无刺。

来源： 栽培。原产墨西哥。喜强光，耐热，耐旱，管理粗放。

观赏特性与用途： 株形奇特，茎枝扁平绿色，可盆栽或地栽观赏。浆果可食。

花果期： 花期7月至次年2月。

观赏价值： ★★★★

越南抱茎茶
Camellia amplexicaulis

科属： 山茶科山茶属。

特征： 常绿小乔木。高达3m。叶互生，狭长，浓绿色，长椭圆形，长达20cm，先端尖，叶脉显著，叶缘有锯齿，基部心形；叶柄很短，抱茎。花苞片紫红色，花蕾球形、红色；花钟状，下垂或侧斜展，花瓣10～15片，紫红色。蒴果。

来源： 栽培。原产越南。

观赏特性与用途： 树形美观，叶色墨绿，花型秀丽，花色艳丽，花期长，是优良的观花观叶树种，可盆栽或孤植、丛植观赏。

花果期： 花期10月至次年4月。

观赏价值： ★★★★★

杜鹃叶山茶（杜鹃红山茶） *Camellia azalea*

科属： 山茶科山茶属。

特征： 常绿灌木。嫩枝红色，无毛。叶革质，倒卵状长圆形，长7~11cm，宽2~3.5cm，无毛；先端圆或钝，基部楔形，多少下延，全缘。花深红色，单生于枝顶叶腋；直径8~10cm；花瓣5~6片，外侧3片较短，无毛，先端凹入；子房无毛，花柱长3.5cm，先端3裂，裂片长1cm。蒴果短纺锤形，长2~2.5cm，3片裂开。

来源： 栽培。原产广东阳江。

观赏特性与用途： 植株紧密，花大色艳，可盆栽观赏或栽于路缘、林缘、角隅、花坛、花境等观形观花之用。

花果期： 四季开花不断，盛花期7~9月。

观赏价值： ★★★★★

红皮糙果茶（博白大果油茶）

Camellia crapnelliana

科属： 山茶科山茶属。
特征： 常绿小乔木。树皮红褐色；嫩枝无毛。叶革质，椭圆形，长8～12cm，基部楔形，边缘有细锯齿；叶柄长6～10mm。花为白色，顶生，径8～10cm，近无柄；花瓣6～8，基部连生；雄蕊基部略连生，长1.5～1.8cm；子房被毛，3室；花柱3，长1.5cm，完全分离。蒴果球形，径6～10cm。
来源： 栽培。广西有野生。
观赏特性与用途： 树形秀美，树皮红色光滑，叶色墨绿，花大洁白，可孤植或列植作园景树；也是木本油料植物。
花果期： 花期11月。
观赏价值： ★★

显脉金花茶

Camellia euphlebia

科属： 山茶科山茶属。
特征： 常绿灌木至小乔木。嫩枝红褐色，无毛。嫩叶红紫色，叶片长达27cm，边缘具细锯齿，两面均无毛；侧脉9～10对，在上面下陷；叶柄长1～1.2cm，无毛，在上面有纵沟。花深黄色，常单生于叶腋，花径3～5.5cm；花瓣7～9，长1.2～2.5cm，宽1～1.5cm，外轮花瓣较短；雄蕊多数，成4轮排列，花丝无毛。蒴果直径3～4cm，无毛。
来源： 栽培。产于广西防城、东兴。
观赏特性与用途： 树形秀美，叶片亮绿，四季常青，花瓣金黄色，喜半阴，可作林下、林缘观花栽培。
花果期： 花期2月，果熟期11～12月。
观赏价值： ★★★★
保护等级： 国家二级重点保护野生植物。

山茶

Camellia japonica

科属: 山茶科山茶属。

特征: 常绿小乔木。嫩枝无毛。叶椭圆形,长5~10cm,宽2.5~5cm,先端钝尖;基部宽楔形,两面均无毛;边缘有细锯齿;叶柄长8~15mm。花顶生,常为红色,无柄;花瓣6~7,基部连生7~8mm;雄蕊3轮;花柱长2.5cm,先端3浅裂。蒴果球形,径3cm,无毛,3室。

来源: 栽培。原产我国。喜半阴。

观赏特性与用途: 树形优雅,花形硕大,花色绚丽,为中国十大传统名花。可于林缘、路旁、庭院散植或盆栽。

花果期: 花期1~5月。

观赏价值: ★★★★★

油茶（小果油茶） *Camellia oleifera*

科属： 山茶科山茶属。

特征： 常绿小乔木。嫩枝被粗毛。叶革质，椭圆形，长3～10cm，宽2～4cm，先端钝尖，基部楔形，边缘有细锯齿；中脉在下面被毛；叶柄长5～10mm，被粗毛。花白色，直径4～6cm，近无柄；花瓣5～7枚，先端2裂；雄蕊长1.5cm，近离生，无毛；子房球形，被绒毛，3室，花柱长约1cm，顶部3裂。蒴果球形至椭圆形，径3～4cm，3室，每室有1～2粒种子。

来源： 栽培。原产我国。

观赏特性与用途： 冠形美观，花色洁白，花蕊金黄，满树白花，果实丰硕，是花果俱佳的观赏树种，更是著名的主要木本油料植物和蜜源植物，可作为庭园风景树、庭荫树。

花果期： 花期12月至次年1月，果期9～10月。

观赏价值： ★ ★ ★

金花茶（防城金花茶）　　　　*Camellia petelotii*

科属： 山茶科山茶属。

特征： 常绿灌木。叶革质，长6～9.5cm，宽2.5～4cm，有时稍大，两面无毛，边缘具细锯齿，或近全缘；叶柄长5～7mm。花单生于叶腋，直径2.5～4cm，黄色，花梗下垂，长5～10mm；花瓣10～13片，长1.5～1.8cm，宽1.2～1.5cm，无毛；雄蕊多数，外轮花丝连成短管；子房3室，无毛，花柱3条，长1.8～2cm，分离。

来源： 栽培。原产广西防城。

观赏特性与用途： 树形秀美，叶片亮绿，四季常青，花瓣金黄色，喜半阴，可作林下、林缘观花栽培。

花果期： 花期12月至次年3月。

观赏价值： ★★★★

保护等级： 国家二级重点保护野生植物。

茶梅

Camellia sasanqua

科属：山茶科山茶属。

特征：常绿小乔木，嫩枝有毛。叶革质，椭圆形，长3~5cm，宽2~3cm，无毛，侧脉5~6对；边缘有细锯齿；叶柄长4~6mm，稍被残毛。花大小不一，直径4~7cm；花瓣6~7片，阔倒卵形，近离生，红色；雄蕊离生，长1.5~2cm，子房被茸毛，花柱长1~1.3cm，3深裂几及离部。蒴果球形，宽1.5~2cm，果爿3裂。

来源：栽培。原产日本。

观赏特性与用途：树形娇小，枝叶细密，花色艳丽、花期长，耐修剪易造型，适宜盆栽或地栽。以叶似茶、花如梅而得名。

花果期：11月初至次年3月。

观赏价值：★★★★★

茶

Camellia sinensis

科属：山茶科山茶属。

特征：常绿灌木或小乔木。嫩枝无毛。叶革质，长圆形或椭圆形，长4~12cm，宽2~5cm，边缘有锯齿，无毛；叶柄长3~8mm，无毛。花白色，1~3朵腋生；花瓣5~8枚，阔卵形，长1~1.6cm，基部稍连生；雄蕊长8~13mm，近离生；花柱无毛，顶端3裂。蒴果3球形或1~2球形，表面密被绢毛，每球有1~2粒种子。

来源：栽培，并有少量野生。

观赏特性与用途：株形秀丽，枝叶细密，叶色亮绿，花白蕊黄，耐修剪，可列植作绿篱，是世界著名的饮料植物。

花果期：花期10~12月，果期9~10月。

观赏价值：★★

保护等级：国家二级重点保护野生植物。

木荷（荷木） *Schima superba*

科属： 山茶科木荷属。
特征： 常绿大乔木。树皮纵裂；嫩枝无毛或微被柔毛。叶椭圆形，长7～12cm，宽2～6.5cm，先端锐尖，基部楔形，边缘1/2以上有钝锯齿，无毛；叶柄长1～2cm。花白色，生于枝顶叶腋，有时数朵排成总状花序，直径2～3cm；花梗长1～2.5cm；花瓣长1～1.5cm，最外一片风帽状，边缘有毛；子房被毛。蒴果近球形，直径1.5～2cm。
来源与生境： 野生，生于山地林中，并有栽培作防火林带。
观赏特性与用途： 树形通直，枝叶浓密，四季常绿，花繁富且洁白，可作园景树、庭荫树或行道树，也可用作防火林带树种。
花果期： 花期6～8月，果期10～12月。
观赏价值： ★★

水东哥 *Saurauia tristyla*

科属： 水东哥科水东哥属。
特征： 常绿灌木或小乔木。小枝、叶柄、叶脉、花序被刺毛或鳞片。叶纸质或薄革质，倒卵状椭圆形，长10～28cm，边缘有刺状锯齿。花序聚伞式，长2～4cm；花粉红色或白色，直径7～10mm；花瓣先端反卷；雄蕊25～34枚；子房无毛，花柱3～4(～5)枚，中部以下合生。果绿色变白色或淡黄色，球形，直径6～10mm。
来源与生境： 野生。生于低山山脚、沟谷杂木林下。
观赏特性与用途： 枝叶浓密，四季常青，果实丰繁且色洁，果实可食用；喜阴湿环境，可作为沟谷水旁绿化树种。
花果期： 花期3～7月，果期8～10月。
观赏价值： ★★

红千层　　　　　*Callistemon rigidus*

科属：桃金娘科红千层属。

特征：常绿乔木或灌木。叶互生，有油腺点，线状或披针形，全缘。花常排成穗状或头状花序，生于枝顶，花开后花序轴能继续生长；无花梗；雄蕊多数，红色，常比花瓣长数倍。蒴果全部藏于萼管内，顶部开裂。

来源：栽培。原产澳大利亚。

观赏特性与用途：树形秀美，枝条拱垂。花枝奇特，酷似试管刷，花朵红艳美丽，火树红花，观赏价值极高，宜列植于水旁湖畔或孤植、群植于草坪上；叶芳香，可提取精油。

花果期：花期3～4月。

观赏价值：★★★★★

柠檬桉 — *Eucalyptus citriodora*

科属: 桃金娘科桉属。

特征: 常绿大乔木。树皮灰白色,每年呈片状剥落一次;树干通直;有柠檬香气。成年叶互生,披针形或窄披针形,长10~15cm,宽7~15mm,无毛,稍弯而呈镰状,两面有黑腺点;叶柄长1.5~2cm。花通常每3朵成伞形花序,再集生成圆锥花序;花蕾长6~7mm;帽状体半球形,长1.5mm。蒴果壶形或坛形,长宽约1cm。

来源: 栽培。原产澳大利亚。

观赏特性与用途: 树形高耸,树体大,树干洁净灰白,亭亭玉立,可作行道树、园景树和庭荫树。可以营造森林景观。

花果期: 花期4~9月。

观赏价值: ★★

千层金（黄金香柳） — *Melaleuca bracteata* 'Revolution Gold'

科属: 桃金娘科白千层属。

特征: 常绿乔木。树冠锥形。树皮纵裂;主干直立,枝条密集、柔软。叶互生,金黄色,窄披针形,长10~28mm,宽1.5~3mm,先端锐尖,无叶柄,具芳香味。穗状花序,长1.5~3.5cm;花瓣绿白色。蒴果球形,果径2~3mm。

来源: 栽培。原产大洋洲。

观赏特性与用途: 树形优美,枝叶细密,叶色金黄,是优良的观叶树种,可盆栽或地栽,耐修剪成型。

观赏价值: ★★★★★

白千层

Melaleuca cajuputi subsp. *cumingiana*

科属： 桃金娘科白千层属。

特征： 常绿乔木。树皮灰白色，松软，薄片状剥落。叶互生，椭圆形或披针形，长5～10cm，宽1～2cm，两端渐尖，基出脉3～7条，多油腺点，香气浓郁；叶柄极短。花白色，多朵花组成长5～15cm的穗状花序，顶生；花瓣5片；雄蕊长1cm，常5～8枚成束；花柱比雄蕊略长。

来源： 栽培。原产澳大利亚。

观赏特性与用途： 树形紧凑，高大通直，树皮奇特，可作行道树或园景树；枝叶含芳香油，供药用及防腐剂。

花果期： 花期4～6月和10～12月。

观赏价值： ★★★★

番石榴

Psidium guajava

科属： 桃金娘科番石榴属。

特征： 常绿乔木。树皮灰色，片状剥落；嫩枝有棱，被毛。叶革质，长圆形或椭圆形，长6～12cm，宽3.5～6cm，上面粗糙，侧脉12～15对，常下陷。花单生或2～3朵成聚伞花序；花瓣长1～1.4cm，白色；雄蕊长6～9mm；子房下位，与萼合生。浆果长3～8cm，顶端有宿存萼片，果肉白色及黄色，胎座肥大，肉质，淡红色；种子多数。

来源： 栽培或野生。原产南美洲，常见逸为野生种，生于荒地或山坡上。

观赏特性与用途： 树形优美，树皮光洁，繁花洁白，果实累累，为优良的观干、观果树种。叶供药用，有止血健胃等功效。

花果期： 花期4～6月，果期9～10月。

观赏价值： ★★★

桃金娘   *Rhodomyrtus tomentosa*

科属: 桃金娘科桃金娘属。
特征: 常绿灌木。嫩枝有灰白色柔毛。叶对生,革质,叶片椭圆形或倒卵形,长3~8cm,宽1~4cm,先端圆或钝,常微凹入,下面有灰色茸毛,离基三出脉,直达先端且相结合,边脉离边缘3~4mm。花有长梗,常单生,紫红色,直径2~4cm;萼宿存;花瓣5;雄蕊红色;子房下位。浆果卵状壶形,长1.5~2cm,宽1~1.5cm,熟时紫黑色。
来源与生境: 野生。生于丘陵坡地,为酸性土指示植物。
观赏特性与用途: 树体美观,花朵玫红绚丽,花果同枝。可用于园林绿化、山坡复绿、水土保持。果可食,也可酿酒。
花果期: 花期4~5月。
观赏价值: ★★★

乌墨(海南蒲桃)   *Syzygium cumini*

科属: 桃金娘科蒲桃属。
特征: 常绿乔木。嫩枝圆柱形。叶革质,宽椭圆形或狭椭圆形,长6~12cm,宽3.5~7cm,先端圆或钝,有短尖头,基部宽楔形或圆形,两面有腺点,侧脉多而密;叶柄长1~2cm。圆锥花序腋生或顶生;花白色;萼筒倒圆锥形,萼齿不明显;花瓣4枚,卵形。果卵圆形或壶形,长1~2cm,紫红色或黑色。
来源与生境: 野生,有栽培。常见于平地次生林及荒地上。
观赏特性与用途: 树干通直,树冠球形,枝叶浓密,是优良的园林绿化树种,可作园景树、行道树和庭荫树。
花果期: 花期3~5月,果期7~8月。
观赏价值: ★★★★

轮叶蒲桃　　　　　　　　　*Syzygium grijsii*

科属：桃金娘科蒲桃属。

特征：常绿灌木。叶有时轮生，窄长圆形或狭披针形，长1.5～2cm，宽5～7mm，先端钝或钝尖，基部楔形，下面被腺点；脉距1～1.5cm，边脉距叶缘较近。聚伞花序顶生，长1～1.5cm，少花；花梗长3～4mm，花白色；萼筒长2mm，萼齿极短；花瓣4片，分离，近圆形，长2mm；雄蕊长5mm；花柱与雄蕊等长。果球形，径4～5mm。

来源：栽培。产于浙江、江西、福建、广东、广西。

观赏特性与用途：树形秀丽，枝密叶细，可配置于庭园、假山、草坪林缘，亦可盆栽、修剪造型，或列植作绿篱。

花果期：花期5～6月。

观赏价值：★★★★

蒲桃（水蒲桃、金山蒲桃）　　　　　*Syzygium jambos*

科属：桃金娘科蒲桃属。

特征：常绿乔木。主干短，分枝多；嫩枝圆形。叶革质，披针形或长圆形，长12～25cm，宽3～4.5cm，先端渐尖，基部楔形，叶面有腺点，侧脉12～16对；叶柄长6～8mm。聚伞花序顶生；花白色；萼筒倒圆锥形，萼齿4枚，半圆形；花瓣分离，宽卵形。果为球形或卵形，直径3～5cm，成熟时呈黄色，有油腺点。

来源：栽培。华南常见野生，也有栽培供观赏或食用。

观赏特性与用途：树冠浓密，花蕊繁射，果实累累，为优良的湿地树种。果可食用。

花果期：花期3～4月，果实5～6月成熟。

观赏价值：★★★★

水翁蒲桃（水翁）

Syzygium nervosum

科属： 桃金娘科蒲桃属。

特征： 常绿乔木。树干多分枝；嫩枝扁，有沟。叶卵状长圆形或椭圆形，长11～17cm，宽4.5～7cm，先端渐尖或急尖，基部宽楔形或略圆，两面有腺点，侧脉9～13对；叶柄长1～2cm。圆锥花序生于无叶的老枝上；萼筒半球形，帽状体长2～3mm，先端有短喙。浆果，卵圆形，径10～14mm，成熟时紫黑色。

来源与生境： 野生。喜生于沟谷、水边。

观赏特性与用途： 树形美观，耐湿性强，为优良的湿地树种，果可食，可用于水岸边绿化。

花果期： 花期5～6月，果期8～9月。

观赏价值： ★★★

洋蒲桃（莲雾）

Syzygium samarangense

科属： 桃金娘科蒲桃属。

特征： 常绿乔木。嫩枝扁。叶薄革质，椭圆形或长圆形，长10～22cm，宽5～8cm，先端钝或稍尖，基部窄圆形或微心形，下面有腺点，侧脉14～19对；叶柄长3～4mm或近于无柄。聚伞花序顶生或腋生；花白色；萼筒倒圆锥形，有密腺点，萼齿4枚，半圆形；花瓣4枚，离生。果为梨形或圆锥形，淡红色，有光泽，顶端凹下，宿存萼片肉质。

来源： 栽培。原产马来西亚及印度。

观赏特性与用途： 树形美观，枝繁叶茂。果形奇特，果色粉红，晶莹剔透，为优良的观果树种，枝叶繁茂，可作园景树、庭荫树和行道树。果可食用，味香甜。

花果期： 花期3～4月，果期5～6月。

观赏价值： ★★★★

金蒲桃（黄金熊猫、黄金蒲桃）　　*Xanthostemon chrysanthus*

科属： 桃金娘科金缨木属。

特征： 常绿灌木或乔木。株高5～10m。叶革质，宽披针、披针形或倒披针形，对生、互生或簇生枝顶，叶色暗绿色，具光泽，全缘，新叶带有红色；搓揉后有番石榴气味。花金黄色，聚伞花序密集呈球状，花金黄色。蒴果。

来源： 栽培。原产澳大利亚。

观赏特性与用途： 树形优美，花金黄色，花序如绒球，宜作园景树或行道树。

花果期： 盛花期为11月到次年2月。

观赏价值： ★ ★ ★ ★

红花玉蕊

Barringtonia acutangula

科属： 玉蕊科玉蕊属。

特征： 常绿灌木或小乔木。高4～8m。叶集生枝顶，椭圆形或长倒卵形。总状花序生于无叶的老枝上，下垂；花径约2cm，花瓣乳白色，花丝线形、深红色，夜晚绽放。果实卵球形，长2～4cm，有四棱。

来源： 栽培。原产东南亚至澳大利亚。

观赏特性与用途： 树形秀丽，枝叶繁茂，红色花序下垂如珠帘，观赏价值较高，可作园景树。

花果期： 5～9月开花，11月至次年1月结果。

观赏价值： ★ ★ ★ ★

多花野牡丹

Melastoma affine

科属： 野牡丹科野牡丹属。

特征： 常绿灌木。分枝、叶两面、叶柄、花梗、花萼、子房、果实密被紧贴的鳞片状糙伏毛。叶长5.4～13cm，宽1.6～4.4cm，全缘，5条基出脉。伞房花序有花10朵以上；花梗长3～8（10）mm；花瓣粉红色至红色，长约2cm；雄蕊长者药隔基部伸长，末端2深裂，弯曲，短者药隔不伸长，药室基部各具1小瘤。蒴果坛状球形，与宿存萼贴生。

来源与生境： 野生。生于山坡、山谷或疏林下、灌草丛中、路边。

观赏特性与用途： 株形秀美，花朵繁茂，花色红艳，花期长，喜光耐湿，可孤植、片植、丛植观赏。

花果期： 花期2～5月，果期8～12月。

观赏价值： ★ ★ ★ ★

地菍（地稔）

Melastoma dodecandrum

科属： 野牡丹科野牡丹属。

特征： 常绿铺地小灌木。茎匍匐上升，逐节生根，分枝多，披散。叶卵形或椭圆形，长1～4cm，宽0.8～2cm，全缘或具密浅细锯齿，3～5基出脉，叶面常仅边缘被糙伏毛。聚伞花序，顶生，有花1～3朵；花梗长2～10mm；花萼管长约5mm；花瓣淡紫红色至紫红色，长1.2～2cm。果坛状球状，肉质，不开裂，直径约7mm；宿存萼被疏糙伏毛。

来源与生境： 野生。生于山坡矮草丛中，为酸性土壤常见的植物。

观赏特性与用途： 植株贴伏地表，枝叶浓密，粉花点点，几乎常年开花，是良好的地被植物；果可食用。

花果期： 盛花期5～7月，果期7～9月。

观赏价值： ★★★

野牡丹

Melastoma malabathricum

科属： 野牡丹科野牡丹属。

特征： 常绿灌木。分枝多；茎密被紧贴的鳞片状糙伏毛。叶片长4～10cm，宽2～6cm，全缘，7基出脉，两面被糙伏毛及短柔毛。伞房花序有花3～5朵，稀单生；花瓣玫瑰红色或粉红色，长3～4cm；雄蕊长者药隔基部伸长，弯曲，末端2深裂，短者药隔不伸延，药室基部具1对小瘤。蒴果坛状球形，与宿存萼贴生，长1～1.5cm，直径8～12mm，密被鳞片状糙伏毛。

来源与生境： 野生。生于山坡、山谷林下或疏林下、灌草丛中、路边、沟边。

观赏特性与用途： 株形美观，花朵繁茂，花色红艳，花期长，喜光耐湿，可孤植或片植、丛植观赏。

花果期： 花期5～7月，果期10～12月。

观赏价值： ★★★★

展毛野牡丹 *Melastoma normale*

科属：野牡丹科野牡丹属。

特征：常绿灌木。分枝多，密被平展的长粗毛及短柔毛，毛常为褐紫色。叶片长4～10.5cm，宽1.4～3.5（～5）cm，全缘，5基出脉，密被糙伏毛。伞房花序具花3～7（～10）朵；花梗长2～5mm；花瓣紫红色，长约2.7cm；雄蕊长者药隔基部伸长，末端2裂，常弯曲，短者药隔不伸长，花药基部两侧各具1小瘤。蒴果坛状球形，直径6～10mm，密被鳞片状糙伏毛。

来源与生境：野生。生于路边、山坡疏林或稀疏的灌草丛中。

观赏特性与用途：株形美观，花朵繁富，花色红艳，花期长，喜光耐旱，可孤植、片植或丛植观赏。

花果期：花期3～7月，果期秋季。

观赏价值：★★★★

毛稔（毛菍）   *Melastoma sanguineum*

科属：野牡丹科野牡丹属。

特征：常绿灌木。茎、小枝、叶柄、花梗及花萼均被平展的长粗毛，毛基部膨大。叶卵状披针形至披针形，长8～15cm，宽2.5～5cm，全缘，基出脉5条，两面被隐藏于表皮下的糙伏毛，常仅毛尖端露出。伞房花序常有花仅1朵；花瓣粉红色或紫红色，5（～7）枚，长3～5cm，宽2～2.2cm。果为宿存萼所包，密被红色长硬毛，长1.5～2.2cm，直径1.5～2cm。

来源与生境：野生。生于山坡疏林、沟边、湿润的草丛或矮灌丛中。

观赏特性与用途：株形秀美，花朵繁密，花色红艳，花期长，喜光耐旱，可孤植、片植或丛植于园林中。

花果期：花果期几乎全年，常在8～10月。

观赏价值：★★★★

朝天罐   *Osbeckia opipara*

科属：野牡丹科金锦香属。

特征：常绿灌木。茎、叶柄、叶被平贴糙伏毛。叶对生或有时3枚轮生，卵形至卵状披针形，长5.5～11.5cm，宽2.3～3cm，全缘，具缘毛，尚密被微柔毛及透明腺点，5基出脉。稀疏聚伞花序组成圆锥花序，顶生；花萼长约2.3cm，裂片4枚，三角形或卵状三角形，长约1.1cm；花瓣深红色至紫色，卵形，长约2cm。蒴果长1.4～2cm，宿存萼长坛状，上部缢缩，被刺毛状有柄星状毛。

来源与生境：野生。生于山坡、山谷、水边、路旁或灌木丛中。

观赏特性与用途：株形秀美，花朵繁密，花色红艳，是夏、秋季观花植物，可栽于潮湿水边草地供观赏。

花果期：花果期7～9月。

观赏价值：★★★

巴西野牡丹 *Tibouchina semidecandra*

科属: 野牡丹科蒂牡花属。

特征: 常绿小灌木。全株高0.5～1.5m；枝条红褐色。叶对生，长椭圆形至披针形，两面具细茸毛，全缘，3～5出脉。花顶生，大型，深紫蓝色；花萼5，红色。蒴果杯状球形。

来源: 栽培。原产巴西。

观赏特性与用途: 植株清秀，花朵繁富，花期长，花色紫红艳丽，可孤植、列植或丛植。

花果期: 1年可多次开花，以春夏季开花较为集中。

观赏价值: ★ ★ ★ ★ ★

使君子　*Quisqualis indica*

科属：使君子科使君子属。

特征：常绿攀缘状灌木。小枝被棕黄色短柔毛。叶对生或近对生，叶片膜质，卵形或椭圆形，长5～11cm，宽2.5～5.5cm，叶面无毛，侧脉7或8对；叶柄长5～8mm，无关节。顶生穗状花序，组成伞房花序式；萼管长5～9cm；花瓣5，长1.8～2.4cm，初为白色，后转淡红色；雄蕊10枚，不突出花冠外。果卵形，短尖，长2.7～4cm，径1.2～2.3cm，无毛，具明显的锐棱角5条。

来源：栽培。四川、贵州至南岭以南各处有野生。

观赏特性与用途：藤姿美观，枝叶扶疏，花朵繁密，花色丰富，攀附性强，是优良园林藤蔓，可作栅栏、棚架、墙垣的垂直绿化材料。

花果期：花期初夏，果期秋末。

观赏价值：★★★★

小叶榄仁　*Terminalia neotaliala*

科属：使君子科榄仁树属。

特征：常绿乔木，春季短期换叶。全株高达15m；主干通直，侧枝轮生，自然分层向四周开展，树冠呈伞形。叶倒卵状披针形，4～7枚轮生，全缘，侧脉4～6对。花小而不显著，穗状花序。

来源：栽培。原产非洲，现华南各地有栽培。

观赏特性与用途：树冠奇特，层层分枝，叶片细密，可用作行道树、园景树。

观赏价值：★★★★★

铁力木　　　　　　　　　　　*Mesua ferrea*

科属: 藤黄科铁力木属。

特征: 常绿乔木。树干端直，树冠锥形。叶嫩时黄色带红，老时深绿色，革质，通常下垂，长6～10cm，宽2～4cm，下面通常被白粉。花两性，直径5～8cm；萼片4枚；花瓣4枚，白色，长3～3.5cm；雄蕊极多数，分离。果卵球形或扁球形，长2.5～3.5cm，有纵皱纹，顶端花柱宿存，通常2瓣裂。

来源: 栽培。原产云南。

观赏特性与用途: 树形美观，枝繁叶茂，新叶鲜红，花朵芳香，为优良的观形观叶树种，可用作园景树、行道树或庭荫树。

花果期: 花期3～5月，果期8～10月。

观赏价值: ★★★

破布叶　　　　　　　　　　*Microcos paniculata*

科属: 椴树科破布叶属。

特征: 常绿灌木或小乔木。树皮粗糙；嫩枝、叶背、叶柄、花序、花梗、花萼有星状毛。叶薄革质，卵状长圆形，长8～18cm，宽4～8cm，三出脉，边缘有细钝齿；叶柄长1～1.5cm；托叶线状披针形，长5～7mm。顶生圆锥花序长4～10cm；花柄短小；萼片长5～8mm；花瓣长圆形，长3～4mm；雄蕊多数。核果近球形或倒卵形，长约1cm。

来源与生境: 野生。生于疏林、路边灌丛。

观赏特性与用途: 叶片可作凉茶，清热解毒。树冠宽阔，叶色青翠，可用于园景树。

花果期: 花期6～9月，果期10～12月。

观赏价值: ★★

文定果

Muntingia calabura

科属： 椴树科文定果属。

特征： 常绿小乔木。叶纸质，单叶互生，长圆状卵形，长4~10cm，宽1.5~4cm；掌状脉3~5条，叶缘中上部有疏齿，两面被星状绒毛。花两性，单生或成对生于叶腋；萼片5枚，侧边缘内折成舟状，开花时反折；花瓣5枚，白色，雄蕊多数，子房无毛；柱头5~6浅裂，宿存。浆果，球形，直径约1cm，熟时红色。

来源： 栽培。原产于南美洲和印度群岛。

观赏特性与用途： 树冠层次分明，分枝呈伞形，翠绿清秀，全年花果不断，可孤植或丛植供观赏，果实味甜可食用。

花果期： 花期长，几全年。

观赏价值： ★★★

毛果杜英（尖叶杜英）

Elaeocarpus rugosus

科属： 杜英科杜英属。

特征： 常绿乔木。小枝粗壮；小枝、花序轴、花萼、果实均被褐色毛。叶聚生枝顶，倒卵状披针形，长11~20cm，宽5~7.5cm，先端钝。总状花序腋生，有花5~14朵；花长1.5cm；花瓣倒披针形，两面被银灰色长毛，先端7~8裂；雄蕊45~50枚，长1cm，花药长4mm，顶端有长达3~4mm的芒刺。核果椭圆形，长3~3.5cm。

来源： 栽培。产于云南、广东和海南。

观赏特性与用途： 树冠塔形高大，枝条层层轮生；花朵繁密，花色洁白，可栽作园景树、庭荫树或行道树。

花果期： 花期8~9月，果冬季成熟。

观赏价值： ★★★★

槭叶酒瓶树

Brachychiton acerifolius

科属： 梧桐科酒瓶树属。

特征： 落叶乔木。主干通直，冠幅大，幼树枝条绿色。叶互生，掌状，苗期3裂，长成大树后叶5～9裂。圆锥花序，腋生；花冠钟形或坛状，橙红色。蓇葖果，长约20cm。

来源： 栽培。原产澳大利亚。

观赏特性与用途： 树形优美，叶形奇特，花开满树，色彩鲜红，先花后叶，栽作行道树、园景树或庭荫树。

花果期： 花期4～7月，果期9～10。

观赏价值： ★★★★

假苹婆

Sterculia lanceolata

科属： 梧桐科苹婆属。

特征： 常绿乔木。嫩枝被毛。单叶，叶长9～20cm，宽3.5～8cm，全缘，近无毛；叶柄两端膨大。圆锥花序腋生，长4～10cm，多分枝而密集；萼淡红色，深裂至基部，平展，裂片长圆状，长4～6mm，顶端钝。蓇葖果鲜红色，长5～7cm，密被毛；在每一蓇葖内有种子2～7粒，径1cm，黑褐色。

来源与生境： 野生，有栽培。喜生于山谷溪旁。

观赏特性与用途： 树形美观，树冠浓密，四季常绿，果实红艳，是优良的行道树或园景树。种子煮熟可食用。

花果期： 花期4～6月。

观赏价值： ★★★★

苹婆（九层皮）

Sterculia monosperma

科属： 梧桐科苹婆属。

特征： 常绿乔木。树皮褐黑色；嫩枝被星状毛，后脱落。叶长圆形或椭圆形，长8～25cm，宽5～15cm，全缘，两面无毛；叶柄两端膨大。圆锥花序长达20cm，被柔毛；花萼乳白至淡红色，钟状，长1cm，5裂，裂片条状披针形；雄花较多，雄蕊柄弯曲。蓇葖果深红色，长圆状卵形，长5cm，先端有喙；在每一蓇葖内有1～4粒种子，直径1.5～2cm，红褐色或黑褐色。

来源与生境： 栽培。原产我国。喜生于排水良好的肥沃土壤。

观赏特性与用途： 树形美观，树冠浓密，枝繁叶茂，四季常绿，果实红艳，是优良的行道树。种子煮熟可食用。

花果期： 花期4～5月，但在10～11月常可见少数植株开第二次花。

观赏价值： ★★★★

木棉　　　　　　　　　　　　　　　*Bombax ceiba*

科属: 木棉科木棉属。

特征: 落叶大乔木。树皮灰白色；幼枝、树干常有圆锥状皮刺。掌状复叶；小叶5～7，长圆形至长圆状披针形，长10～16cm，宽3.5～5.5cm，全缘，两面无毛。花单生常红色，有时为橙红色，直径约10cm；花萼杯状，顶端3～5裂；花瓣肉质，长8～10cm，宽3～4cm；雄蕊管短，花丝基部粗壮。种子外有长绵毛。

来源: 栽培，有野生。

观赏特性与用途: 树形雄伟，层次分明，花朵硕大，花色红艳，可作行道树或园景树。

花果期: 花期2～4月，果夏季成熟。

观赏价值: ★★★★

美丽异木棉

Ceiba speciosa

科属：木棉科吉贝属。

特征：落叶乔木。树干下部常膨大；幼树树皮浓绿色，密生圆锥状皮刺；侧枝放射状水平伸展或斜向伸展。掌状复叶，小叶5～9，椭圆形。花单生，花冠淡紫红色，中心白色，也有白、粉红、黄色等。蒴果椭圆形。种子外有长绵毛。

来源：栽培。原产于南美洲。

观赏特性与用途：树冠伞形，树干青绿，叶色翠绿，冬季盛花期满树姹紫，是优良的观花乔木，可栽作行道树、园景树或庭荫树。

花果期：花期长，夏至冬均有花开放，以冬季为盛。

观赏价值：★★★★★

美花非洲芙蓉 — *Dombeya burgessiae*

科属: 锦葵科非洲芙蓉属。
特征: 常绿灌木或小乔木。树冠圆形;枝、叶均被柔毛。叶面粗糙,单叶互生,具托叶,心形,叶缘有钝锯齿,掌状脉7~9条。伞形花序,下垂,有花20朵以上;花瓣5,直径约2.5cm。
来源: 栽培。原产非洲。
观赏特性与用途: 冠形雅致,叶片宽阔,花姿奇特,花香色美,是优良的观花树种,可栽作花灌木或花丛、花篱,也是优良的蜜源植物。
花果期: 花期12月至次年3月。
观赏价值: ★★★★★

木芙蓉 — *Hibiscus mutabilis*

科属: 锦葵科木槿属。
特征: 落叶灌木或小乔木。小枝、叶柄、花梗和花萼均密被星状毛与直毛相混的细绵毛。叶宽卵形至圆卵形或心形,直径10~15cm,常5~7裂,裂片三角形,具钝圆锯齿;主脉7~11条。花梗长5~8cm,近端具节;小苞片8;萼5裂;花初开时白色或淡红色,后变深红色,直径约8cm。蒴果扁球形,直径约2.5cm,被淡黄色刚毛和绵毛,果爿5。
来源: 栽培。原产我国湖南。
观赏特性与用途: 株形秀雅,花朵硕大,花色艳丽,常在一天内由浅红渐变深红,可孤植、丛植于墙边、路旁、水滨,也可栽作花篱。
花果期: 花期8~10月。
观赏价值: ★★★★★

朱槿   *Hibiscus rosa-sinensis*

科属： 锦葵科木槿属。

特征： 常绿灌木。叶阔卵形或狭卵形，长4～9cm，宽2～5cm，先端渐尖，边缘具粗齿或缺刻，两面几无毛；叶柄长5～20mm；托叶线形，长5～12mm，被毛。花单生于上部叶腋间，常下垂，花梗长3～7cm，近端有节；小苞片6～7，线形；萼钟形，长约2cm；花冠漏斗形，玫瑰红色或淡红、淡黄等色；雄蕊柱长4～8cm，平滑无毛；花柱枝5。

来源： 栽培。品种多。喜光。

观赏特性与用途： 树形美观，花大色艳，四季常开，可栽植于池畔、路旁和墙边，也可盆栽矮化品种布置花坛。广西南宁市市花。

花果期： 花期全年。

观赏价值： ★★★★★

木槿

Hibiscus syriacus

科属： 锦葵科木槿属。

特征： 落叶灌木。小枝密被黄色星状绒毛。叶长3～10cm，宽2～4cm，具深浅不同的3裂或不裂，边缘具不整齐齿缺；叶柄长5～25mm；托叶线形，长约6mm。花单生于枝端叶腋间，花梗长4～14mm；小苞片6～8，线形，长6～15mm；花萼钟形，长14～20mm；花钟形，淡紫色，直径5～6cm。蒴果卵圆形，直径约12mm。

来源： 栽培。原产我国中部。

观赏特性与用途： 株形秀丽，花大美丽，花色丰富，可列植作花篱，或孤植、丛植点缀园林景观。

花果期： 花期7～10月。

观赏价值： ★★★★★

金英

Galphimia gracilis

科属： 金虎尾科金英属。

特征： 常绿灌木。枝柔弱，淡褐色，嫩枝被褐色柔毛。叶对生，膜质，长圆形或椭圆状长圆形，长1.5～5cm，宽8～20mm，先端钝或圆形，具短尖，有2枚腺体；叶柄长约1cm；托叶针状。总状花序顶生，花序轴被红褐色柔毛；苞片长约3mm，宿存；花直径1.5～2cm，全部无毛；花瓣黄色，长7～8mm，中脉明显。蒴果球形，直径约5mm。

来源： 栽培。原产美洲热带地区。

观赏特性与用途： 枝繁叶密，花朵繁富，花色金黄，观赏性好，可孤植观赏或片植作地被，也可盆栽观赏。

花果期： 花期8～9月，果期10～11月。

观赏价值： ★★★★

红背山麻杆

Alchornea trewioides

科属：大戟科山麻杆属。

特征：落叶灌木。叶薄纸质，阔卵形，长8～15cm，宽7～13cm，先端急尖或渐尖，基部浅心形，边缘疏生腺状锯齿，上面无毛，下面浅红色，仅沿中脉被微柔毛，基部具斑状腺体4；基出三脉；叶柄长7～12cm。雌雄异株，雄花序穗状，腋生，长7～15cm；雌花总状，顶生，长5～6cm。蒴果球形，具3圆棱，直径8～10mm。

来源与生境：野生。生于山地灌丛或疏林下。

观赏特性与用途：喜光耐旱，秋冬叶片变红或不变红，红绿相间，是优良的彩叶灌木，可用于荒地、山坡疏林绿化。

花果期：花期3～5月，果期6～8月。

观赏价值： ★★

秋枫（常绿重阳木）

Bischofia javanica

科属：大戟科秋枫属。

特征：常绿或半常绿乔木。树皮纵浅裂，砍伤树皮有红色汁液；小枝无毛。三出复叶，稀5小叶，总柄长8～20cm；小叶纸质，卵形或倒卵形，长7～15cm，宽4～8cm，先端急尖或短尾尖，基部宽楔形至钝，边缘有疏锯齿，顶生小叶柄长2～5cm，侧生小叶柄长0.5～2cm。果实浆果状，圆球形，淡褐色。

来源与生境：栽培，有少量野生。生于沟谷林中。

观赏特性与用途：树冠圆整，枝叶繁茂，叶片墨绿，老叶冬变色，宜栽作园景树、行道树或庭荫树。

花果期：花期4～5月，果期8～10月。

观赏价值： ★★★★

雪花木　　　　　　　　　*Breynia nivosa*

科属: 大戟科黑面神属。

特征: 常绿小灌木。株高50～120cm。叶圆形或阔卵形，全缘，先端钝，表面光滑；互生，排成2列，小枝似羽状复叶，叶面有白色或乳白色斑点，新生叶色泽鲜明。花形较小。

来源: 栽培。原产玻利维亚。

观赏特性与用途: 株形秀雅，叶色独特，是优良的观叶树种。可列植作绿篱或孤植、丛植点缀园林空间。

花果期: 花期夏秋两季。

观赏价值: ★★★★★

洒金变叶木　　　*Codiaeum variegatum* 'Aucbifolium'

科属: 大戟科变叶木属。

特征: 常绿灌木。株高1～2m。茎直立，分枝多。叶互生，条形至矩圆形多变，长8～30cm，全缘或分裂，扁平或呈波状、螺旋扭曲；叶绿色，叶面布满大小不等的金黄色斑点。总状花序腋生，单性同株，花小，雄花花冠白色，雌花无花瓣。

来源: 栽培。原产大洋洲及亚洲热带地区。喜温暖湿润、阳光充足的地方，不耐阴。

观赏特性与用途: 株形美观，叶色绚丽斑驳，是优良的观叶植物，可盆栽观赏，或丛植、孤植观赏，还可列植作绿篱。

观赏价值: ★★★★★

巴豆　　　　　　　*Croton tiglium*

科属：大戟科巴豆属。

特征：常绿灌木或小乔木。幼枝被稀疏星状毛，小枝无毛。叶纸质，卵形，长7～12cm，宽3～7cm，先端短尖，基部阔楔形至近圆形，边缘有细锯齿，有时近全缘，成长叶近无毛，基出脉3（～5）条，侧脉3～4对；基部两侧叶缘上各有1枚盘状腺体；叶柄近无毛；托叶线形，早落。总状花序顶生，苞片钻状。蒴果椭圆形，被稀疏星状柔毛或近无毛。

来源：野生。生于山地疏林中、路边。喜温暖、湿润、土层深厚的环境。

观赏特性与用途：株形美观，枝叶翠绿，可孤植、丛植或片植观赏。

花果期：花期4～6月。

观赏价值：★★

紫锦木（红叶乌桕）　　　　*Euphorbia cotinifolia*

科属：大戟科大戟属。

特征：落叶乔木。叶3枚轮生，圆卵形，长2～6cm，宽2～4cm，先端钝圆；全缘；两面红色；叶柄长2～9cm。花序生于二歧分枝的顶端，具长约2cm的柄；腺体4～6枚，半圆形，深绿色，边缘具白色附属物，附属物边缘分裂。雄花多数；苞片丝状；雌花柄伸出总苞外。蒴果三棱状卵形，直径约6mm，光滑无毛。

来源：栽培。原产热带美洲。

观赏特性与用途：株形秀雅，叶色紫红，是优良的彩叶植物，宜孤植或丛植，也可盆栽观赏。

观赏价值：★★★★★

红背桂　　　　　　　　　　*Excoecaria cochinchinensis*

科属：大戟科海漆属。

特征：常绿灌木。高达1m；枝、叶无毛。叶常对生，狭椭圆形或长圆形，长6～14cm，宽1.2～4cm，边缘有疏细齿，腹面绿色，叶面绿色，背面红色；叶柄长3～10mm，无腺体。花单性，雌雄异株；总状花序，雄花序长1～2cm，雌花序由3～5朵花组成。蒴果球形，直径约8mm。

来源：栽培。原产我国。喜光，也耐阴。

观赏特性与用途：株形秀美，枝叶扶疏，叶片面绿背红，甚为奇特，为优良的观叶植物，可列植作彩叶绿篱或片植作彩叶地被。

花果期：花期几乎全年。

观赏价值：★★★★★

琴叶珊瑚 *Jatropha integerrima*

科属: 大戟科麻风树属。

特征: 常绿灌木。植物体具乳汁，有毒；全株高2~3m。单叶互生，倒阔披针形，叶基有2~3对锐刺，先端渐尖，叶面为浓绿色，叶背为紫绿色，叶柄具茸毛，叶面平滑，常丛生于枝条顶端。花单性，雌雄同株，花冠红色或粉红色；二歧聚伞花序独特，花序中央一朵雌花先开，两侧分枝上的雄花后开，雌、雄花不同时开放。

来源: 栽培。原产于西印度群岛。

观赏特性与用途: 株形秀丽，枝叶扶疏，花朵繁富，花色红艳，耐修剪，为观叶、观花兼备的观赏植物，可孤植、丛植或群植观赏。

观赏价值: ★★★★★

余甘子（油甘果）

Phyllanthus emblica

科属： 大戟科叶下珠属。

特征： 半常绿灌木或小乔木。小枝被黄褐色短柔毛。叶纸质至革质，排成二列，似羽状复叶，线状长圆形或矩圆形，长8～20mm，宽2～6mm。多数雄花和1雌花或完全为雄花组成聚伞花序生于叶腋；萼片6。蒴果呈核果状，圆球形，直径1～1.3cm，外果皮肉质，绿白色或淡黄白色，内果皮硬骨质。

来源与生境： 野生。生于山坡疏林、灌丛。

观赏特性与用途： 株形美观，枝叶扶疏，果实繁丰，是优良的观果树种，果实富含维生素，可食用，初食酸涩，余味变甘，故名"余甘子"。

花果期： 花期4～6月，果期7～9月。

观赏价值： ★ ★ ★

蓖麻

Ricinus communis

科属： 大戟科蓖麻属。

特征： 落叶灌木。小枝、叶和花序通常被白霜，茎多汁液。叶轮廓近圆形，长和宽达40cm或更大，掌状7～11裂，裂缺几达中部，边缘具锯齿；掌状脉7～11条，网脉明显；叶柄粗壮，中空，长可达40cm，顶端具2枚盘状腺体。总状花序或圆锥花序，长15～30cm或更长。蒴果卵球形，长1.5～2.5cm，果皮具软刺或平滑；种子平滑，有淡斑纹。

来源与生境： 野生。原产非洲；村旁疏林或河岸常逸为野生。

观赏特性与用途： 株形美观，叶大色艳，花果奇特，观赏价值较高，可孤植、丛植或片植观赏。为著名油脂植物。

花果期： 花期几全年或6～9月。

观赏价值： ★ ★ ★

山乌桕

Triadica cochinchinensis

科属：大戟科乌桕属。

特征：落叶乔木。各部均无毛；小枝有皮孔。叶互生，纸质，嫩时呈淡红色，叶片椭圆形或长卵形；叶柄纤细，顶端具2腺体。花单性，雌雄同株，顶生总状花序，雌花生于花序轴下部，雄花生于花序轴上部或有时整个花序全为雄花。蒴果黑色，球形，中轴宿存；种子近球形，外薄被蜡质的假种皮。

来源与生境：野生。生于山谷或山坡混交林中。

观赏特性与用途：树形广阔，枝叶扶疏，夏叶翠绿，秋叶红艳，花序奇特，可栽作园景树，或林植为霜叶林。

花果期：花期4～6月。

观赏价值：★★

乌桕

Triadica sebifera

科属：大戟科乌桕属。

特征：落叶乔木。全株无毛，有乳汁。叶互生，纸质，菱形或菱状卵形，长3～8cm，宽3～9cm，先端具长短不等的尖头，基部阔楔形或钝，全缘，侧脉6～12对；叶柄，顶端有2枚腺体。花单性，雌雄同株，总状花序，雌花生于花序轴下部，雄花生于花序轴上部。蒴果梨状球形，成熟时黑色，分果爿脱落后而中轴宿存；种子扁球形，黑色。

来源与生境：野生。生于旷野、池塘边或疏林中。

观赏特性与用途：冠形秀丽，叶形奇特，秋叶红艳，花序奇特，果裂似繁星点点，是观叶观花观果兼备的树种，可栽作园景树或林植为霜叶林。

花果期：花期4～8月。

观赏价值：★★

油桐（三年桐、光桐）　　　　　　　　　　*Vernicia fordii*

科属： 大戟科油桐属。

特征： 落叶乔木。树皮光滑不开裂；小枝粗壮，无毛，具皮孔。叶卵圆形，长5～18cm，宽3～15cm，基部截平至浅心形，全缘，稀1～3浅裂，掌状脉5（～7）条；叶柄与叶片近等长，顶端有2枚无柄腺体。花雌雄同株，先叶或与叶同时开放；花瓣白色，有淡红色脉纹，长2～3cm。核果近球形，直径4～6cm，果皮光滑。

来源与生境： 野生，有栽培。生于山地疏林中。

观赏特性与用途： 树冠圆浑，叶色翠绿，花朵繁密，花色洁白，秋叶常变黄，可栽作园景树或庭荫树，也可林植呈森林景观。为重要的工业用油料植物。

花果期： 花期3～4月，果期8～9月。

观赏价值： ★★★

木油桐（千年桐、皱桐）　　　　　　　　　　*Vernicia montana*

科属： 大戟科油桐属。

特征： 落叶乔木。小枝无毛，散生凸起皮孔。叶纸质，广卵形至近圆形，长8～20cm，宽6～18cm，基部心形至截形，全缘或2～5裂，裂缺常有腺体，掌状脉5条；叶柄长7～17cm，无毛，顶端有2枚具柄的杯状腺体。雌雄异株，有时同株异序；花瓣白色，基部有紫红色脉纹。核果卵球形，直径3～5cm，具3条纵棱，棱间有凸起粗网纹。

来源与生境： 野生，有栽培。生于山地疏林中。

观赏特性与用途： 树冠圆浑，叶色翠绿，花朵繁密，花色洁白，秋叶常变黄，可栽作园景树或庭荫树，也可林植呈森林景观。为重要的工业用油料植物。

花果期： 花期4～5月。

观赏价值： ★★★

常山

Dichroa febrifuga

科属： 绣球科常山属。

特征： 半常绿灌木。叶形状大小变异大，先端渐尖，基部楔形，边缘具锯齿或粗齿，稀波状，两面绿色或紫色，无毛或仅叶脉被短柔毛，侧脉每边8～10条；叶柄长1.5～5cm。伞房状圆锥花序顶生，偶侧生，花蓝色或白色；花梗长3～5mm；花瓣稍肉质，花后反折；雄蕊10～20枚，一半与花瓣对生；花柱4（5～6），子房3/4下位。浆果直径3～7mm，蓝色。

来源与生境： 野生。生于阴湿林中。

观赏特性与用途： 株形美观，花果密集，果实成熟时呈明亮蓝色，观赏价值较高，可孤植或丛植，也可盆栽观赏。

花果期： 花期3～8月，果期5～8月。

观赏价值： ★★★

绣球（八仙花、绣球花）

Hydrangea macrophylla

科属： 绣球科绣球属。

特征： 常绿灌木。茎常于基部发出多数放射枝而形成一圆形灌丛。枝粗壮，无毛。叶纸质或近革质，倒卵形或阔椭圆形，长6～15cm，宽4～11.5cm，边缘具粗齿，两面无毛或仅下面中脉被疏毛；小脉网状，两面明显；叶柄粗壮。伞房状聚伞花序近球形，直径8～20cm，花密集，多数不育；不育花萼片4，粉红色、淡蓝色或白色；孕性花极少数。

来源： 栽培。栽培历史悠久，品种多。

观赏特性与用途： 株形秀丽，叶色翠绿，花大色美，密集成球状，适宜作花篱或花境，亦可盆栽观赏。

花果期： 花期6～8月。

观赏价值： ★★★★★

桃（碧桃） *Amygdalus persica*

科属： 蔷薇科桃属。

特征： 落叶乔木。叶披针形，长8～15cm，宽2～3cm，边缘有锯齿，齿尖有腺体或无；叶柄长1～1.5cm，顶端有腺体。花常单生；粉红色或红色，径2.5～3cm，先叶开放；花梗极短。核果有柔毛，径5～7cm，有纵沟，果核表面有不整齐的沟槽和孔穴。

来源： 栽培。原产我国，现广泛栽培。

观赏特性与用途： 花先叶开放，花相整齐，花色绚丽，为著名的春花树种，可孤植、丛植、群植或林植观赏。果味香甜可口，可供生食或加工成系列产品，为重要果树。

花果期： 花期3～4月，果实成熟期因品种而异，通常为8～9月。

观赏价值： ★★★★★

钟花樱桃　　　　　　　*Cerasus campanulata*

科属： 蔷薇科樱属。

特征： 落叶乔木或灌木。树皮黑褐色。叶片卵形、卵状椭圆形或倒卵状椭圆形，长4～7cm，宽2～3.5cm，边有急尖锯齿；叶柄无毛，顶端常有腺体2个；托叶早落。伞形花序，有花2～4朵，先叶开放，花直径1.5～2cm；萼筒钟状，长约6mm；花瓣粉红色，先端颜色较深；雄蕊39～41枚。核果卵球形，长约1cm。

来源： 栽培。我国南方地区常见野生。

观赏特性与用途： 先花后叶，早春盛开，花繁艳丽，是早春重要的观花树种；可孤植、丛植群植或林植观赏。

花果期： 花期2～3月，果期4～5月。

观赏价值： ★★★★★

广州樱　　　　　　　　　　　　　　　*Prunus* 'Canton'

科属： 蔷薇科樱属。

特征： 落叶乔木。花先于叶开放；花蕾坟红色；花玫红色至浅粉红色，花瓣5枚，椭圆形，盛开时5枚花瓣展开，花径3.8～4.4cm；雌蕊1枚；花萼浅紫褐色，长筒形，萼5片，另常有萼瓣1个；花1～3朵一束。

来源： 栽培。我国自主培育的樱花品种。

观赏特性与用途： 花型大、花量多，奔放蓬勃，观赏价值高，可于公园内列植作行道树或片植观赏。

花果期： 花期3～4月，盛花期3月中下旬。

观赏价值： ★ ★ ★ ★ ★

月季花（月季）

Rosa chinensis

科属：蔷薇科蔷薇属。

特征：常绿直立灌木。小枝粗壮，圆柱形，近无毛，有短粗的钩状皮刺。小叶3～5，稀7，连叶柄长5～11cm，边缘有锐锯齿，两面近无毛，总叶柄有皮刺和腺毛；托叶大部贴生于叶柄。花几朵集生，稀单生，直径4～5cm或更大；花瓣常重瓣，花色多。果卵球形或梨形，长1～2cm，红色。

来源：栽培。原产我国，各地普遍栽培。园艺品种很多。

观赏特性与用途：株形秀美，花朵硕大，花色艳丽，是中国十大传统名花之一，可作花灌木、花篱、花境或花丛，亦可盆栽观赏，也是世界著名切花。花可提取芳香油。花蕾入药或作茶饮。

花果期：花期4～9月，果期6～11月。

观赏价值：★★★★★

金樱子

Rosa laevigata

科属： 蔷薇科蔷薇属。

特征： 常绿蔓生灌木。枝散生钩状皮刺，无毛，嫩时有腺毛。羽状复叶，小叶3，稀5，长3～6cm，宽2～4cm，边缘有细尖锯齿，上面无毛，下面幼时中脉有腺毛；叶轴和叶柄有小皮刺和腺毛；托叶早落。花单生于侧枝顶端或叶腋，白色，径5～9cm；花梗密生腺质刺毛。果梨形或倒卵形，有刺毛，熟时紫红色或紫褐色，萼片宿存。

来源与生境： 野生。生于向阳的山野、溪畔灌木丛中。

观赏特性与用途： 株形美丽，叶片墨绿，花型硕大，花色洁白，果实奇特，可孤植、丛植或列植。果富含糖分及维生素，可制成饮料或酿酒。

花果期： 花期3～5月，果期8～11月。

观赏价值： ★★★

空心泡

Rubus rosifolius

科属： 蔷薇科悬钩子属。

特征： 半常绿直立或匍匐状灌木。小枝有扁平弯刺。奇数羽状复叶，小叶5～7，长2.5～7cm，宽1～2cm，先端渐尖至尾尖，边缘有不整齐尖锐重锯齿，下面有黄色腺点，沿中脉疏生小皮刺；叶柄有柔毛和疏生皮刺；托叶披针形，全缘，有柔毛，合生。花白色，径约3cm，1～2朵顶生或腋生。聚合果熟时亮红色。

来源与生境： 野生。生于向阳的山野、路旁、溪畔灌木丛中。

观赏特性与用途： 株形美观，花色洁白，果实鲜红，可作观花或观果植物栽培。

花果期： 花期3～4月，果期6～7月。

观赏价值： ★★

珍珠相思树（银叶金合欢） *Acacia podalyriifolia*

科属：含羞草科金合欢属。

特征：常绿灌木至小乔木，主干不明显。小枝、叶片、荚果密被银白色绒毛，叶状柄卵形或椭圆形，长2～3.5cm，宽1～1.5cm，两面呈银灰色，中脉两面隆起；头状花序排列成总状式；花金黄色；雄蕊绒毛状，长约4mm。荚果较大，压扁，荚室稍隆起，长6～9.5cm，宽1.4～2.2cm，具种子4～9粒。

来源：栽培。原产澳大利亚。

观赏特性与用途：株形秀雅，枝叶银灰色，花朵繁丰，花色金黄璀璨，是叶花俱佳的观赏树种，可用孤植或丛植观赏。

花果期：花期1月上旬至3月下旬，果熟期5月。

观赏价值：★★★★★

海红豆 *Adenanthera microsperma*

科属：含羞草科海红豆属。

特征：落叶乔木。二回羽状复叶，羽片3～6对，近对生；小叶4～7，互生，长圆形或卵形，长2～4cm，宽1.5～2.5cm，先端钝圆，两面被柔毛。总状花序长12～16cm，单生或簇生枝顶；花白色或淡黄色，雄蕊10。果盘旋，长10～22cm，宽约1.5cm，开裂后果瓣反卷扭曲，种子外露，不脱落。种子鲜红色，有光泽，长6.5～7.5mm。

来源与生境：野生，有栽培。生于山沟、溪边、林中。

观赏特性与用途：树形美观，羽叶扶疏，花序金黄，种子鲜红艳丽，可栽作园景树或行道树，王维诗句"红豆生南国，春来发几枝"中的红豆即为海红豆种子。

花果期：花期4～7月，果期7～10月。

观赏价值：★★★★

细叶粉扑花

Calliandra brevipes

科属： 含羞草科朱缨花属。

特征： 常绿灌木。株高1～2m，枝条于生长初期挺直伸长，后逐渐向四周弯曲。羽状复叶，小叶长约5cm、宽1～1.5cm。自枝条末端叶腋处伸出头状花序，小花无花瓣，雌雄蕊细长聚集如粉扑状，蕊末端粉红色、基部白色，花气味芬芳，盛开时花朵于枝条上成串密生。

来源： 栽培。原产南美洲。

观赏特性与用途： 植株细瘦高挑，花形奇特，花色粉红，是优良的观花灌木，可孤植、对植、丛植或群植于花坛、花境、路缘、林缘、建筑物前入口、角隅等处，也可列植呈绿篱。

观赏价值： ★ ★ ★ ★ ★

红绒球（朱缨花）

Calliandra haematocephala

科属： 含羞草科朱缨花属。

特征： 灌木或小乔木。园林栽培种分枝低矮。二回羽状复叶，羽片1对，长8～15cm，总叶柄长1～3cm；小叶6～9对，卵状披针形或长圆状披针形，长1.2～3.5cm，基部偏斜，两面无毛。头状花序腋生，花冠紫红色；花丝浅红色至桃红色。荚果线状倒披针形，长8～12cm，宽1～1.5cm，成熟时开裂，果瓣反卷。

来源： 栽培。原产美洲热带地区。

观赏特性与用途： 株形美观，枝繁叶茂，花序球状，花丝红艳，观赏价值极高，可孤植、丛植、列植或群植观赏。

花果期： 几乎全年开花，盛花期为5～7月和10～12月。

观赏价值： ★★★★★

红粉扑花

Calliandra tergemina var. *emarginata*

科属： 含羞草科朱缨花属。

特征： 半常绿灌木，偶为小乔木。高1～2m。羽状复叶，叶片歪椭圆形至肾形。花从叶腋处长出，有花20余朵，花瓣小而不显著，雄蕊红色，基部合生处为白色，花丝细长，聚合成半球状。

来源： 栽培。原产墨西哥至危地马拉。

观赏特性与用途： 株形紧凑丰满，花形柔美可爱，花序密集呈球状，形似化妆粉扑而得名；适宜孤植、列植或丛植观赏。

观赏价值： ★★★★★

南洋楹 · *Falcataria falcate*

科属： 含羞草科南洋楹属。

特征： 常绿大乔木，树干通直。羽片6～20对，总叶柄基部及叶轴中部以上羽片着生处有腺体；小叶6～26对，无柄，菱状长圆形，长1～1.5cm，宽3～6mm；中脉偏于上边缘。穗状花序腋生，单生或数个组成圆锥花序；花初白色，后变黄；花瓣长5～7mm。荚果带形，长10～13cm，宽1.3～2.3cm。

来源： 栽培。原产马六甲及印度尼西亚。

观赏特性与用途： 树体高大，树冠巨伞形，羽叶翠绿，生长快，可栽作庭荫树、行道树或园景树。

花果期： 花期4～6月，果熟期7～8月。

观赏价值： ★ ★ ★ ★

含羞草 · *Mimosa pudica*

科属： 含羞草科含羞草属。

特征： 常绿亚灌木。茎疏生钩刺及倒生刚毛。羽片和小叶触之即闭合下垂；羽片2（4）对，掌状排列，小叶7～20（～25）对，长0.8～1.3cm。头状花序圆球形，径1cm；花淡红色；花冠钟形，裂片4；雄蕊4，伸出花冠外。果长圆形，长1～2cm，扁平，荚节3～5，荚缘波状，具刺毛，成熟时荚节脱落；种子卵形，长3.5mm。

来源与生境： 野生。原产热带美洲，常栽培供观赏，现多逸为野生，生于荒地、灌草丛。

观赏特性与用途： 株形秀雅，花序球形，花色粉红，尤其触动时，叶柄下垂，小叶片合闭，因此得名。观赏价值较高，适宜庭园栽培或盆栽。

花果期： 花期3～10月，果期5～11月。

观赏价值： ★ ★ ★ ★ ★

红花羊蹄甲（红花洋紫荆） *Bauhinia blakeana*

科属： 云实科羊蹄甲属。

特征： 常绿或半常绿乔木。小枝被毛。叶革质，近圆形或阔心形，长8.5～13cm，宽9～14cm，基部心形，先端2裂，为叶全长的1/4～1/3，裂片顶钝或狭圆；基出脉11～13条；叶柄长3.5～4cm。总状花序有时复合成圆锥花序，被短柔毛；花大，美丽；萼佛焰状，长约2.5cm；花瓣红紫色，具短柄，连柄长5～8cm，近轴的1片中间至基部呈深紫红色；能育雄蕊5枚，其中3枚较长。

来源： 栽培。为自然杂交种，最早发现于香港，广泛栽植。

观赏特性与用途： 树冠伞形，枝叶扶疏，花朵繁富，花色艳丽，为优良的观花乔木，可作行道树或园景树，因习性强健而尤宜用于公路。

花果期： 花期全年，3～4月为盛花期，通常不结果。

观赏价值： ★★★★★

羊蹄甲（紫羊蹄甲） *Bauhinia purpurea*

科属： 云实科羊蹄甲属。

特征： 常绿乔木。叶硬纸质，近心形，长11～14cm，宽9～13cm，先端2裂达叶片长1/3～1/2，裂片顶端钝圆，叶基圆或近心形，基出脉9～11条；叶柄长3～5cm，无毛。花序轴、萼筒、子房被褐色绢毛；萼筒2裂至基部，裂片反卷；花瓣桃红色或粉红色，发育雄蕊3～4枚；子房具长柄。果带形，扁平木质，长13～24cm，宽2～3cm。

来源： 栽培。原产我国南部至印度。

观赏特性与用途： 树形美观，花艳丽，花期长，易栽植，适应性强，主要作公路绿化和公园美化。

花果期： 花期9～11月，果期2～3月。

观赏价值： ★★★★

洋紫荆（宫粉紫荆、宫粉羊蹄甲） *Bauhinia variegate*

科属： 云实科羊蹄甲属。

特征： 落叶乔木。叶近革质，叶形变化大，圆形、宽卵形或近心形，长4～10cm，宽6～11cm，先端裂至叶片长1/4～1/3，裂片顶端圆，叶基圆形、心形或近平截，基出脉9～11。总状花序短，花大；佛焰苞状萼顶端不裂；花瓣淡红或紫红色，杂有黄色或红色斑纹，长3.5～4.5cm；发育雄蕊5。果条形，扁平，长15～30cm，宽1.5～2cm。

来源： 栽培。原产我国南部至印度。

观赏特性与用途： 树冠优美，枝叶扶疏，花朵繁丰，花色绚丽，芳香怡人，是优良的观花乔木，可栽作行道树或园景树。

花果期： 花期全年，3月最盛。

观赏价值： ★ ★ ★ ★

洋金凤 *Caesalpinia pulcherrima*

科属： 云实科云实属。

特征： 常绿灌木或小乔木。枝绿色或粉绿色，光滑，疏生刺。羽片4～9对；小叶7～11对，长圆形或倒卵形，长0.6～2cm，宽0.4～0.8cm，先端微凹，基部偏斜，无毛；柄极短。总状花序近伞房状；花梗7cm或更长；花瓣橙色或黄色，圆形，边缘呈波状，皱折；花丝红色，长5～6cm。果长5～10cm，宽1.5～1.8cm，具长喙，无毛。

来源： 栽培。原产地可能是西印度群岛。

观赏特性与用途： 株形秀丽，羽叶扶疏。花大色艳，为优良的观花灌木，可孤植、列植或丛植观赏。

花果期： 花果期终年不断。

观赏价值： ★ ★ ★ ★ ★

凤凰木　　　　　　　　　*Delonix regia*

科属： 云实科凤凰木属。

特征： 落叶大乔木。无刺。树冠广展；幼枝绿色。托叶羽状分裂；二回偶数羽状复叶，羽片10～20（～23）对；小叶25对，长圆形，长3～8mm，两面被绢状毛。伞房状总状花序长10～18cm；花鲜红至橙红色，径7～10cm；萼片外面绿色，里面深红色；花瓣近圆形，径约3cm，有长柄。果厚木质，带形，扁平，长25～60cm，下垂。

来源： 栽培。原产马达加斯加。

观赏特性与用途： 树冠广伞形，羽叶扶疏，花朵繁茂，花色绚丽，是优良的行道树、园景树或庭荫树。

花果期： 花期6～7月，果期8～10月。

观赏价值： ★★★★★

格木　　　　　　　　　*Erythrophleum fordii*

科属： 云实科格木属。

特征： 常绿大乔木。幼枝和芽密被黄棕色短柔毛。羽片2～3对，对生或近对生；小叶9～13对，革质，卵形或卵状椭圆形，长3～8cm，宽2.5～4cm，全缘，有光泽，两面几无毛。总状花序或圆锥花序，腋生于当年嫩枝；花序长13～20cm。果长圆形，长14～18cm，宽3.8～4.3cm，黑褐色；种子5～10，胶结连成串状。

来源： 栽培。广西有野生。

观赏特性与用途： 树冠圆浑，枝叶浓密，四季墨绿，尤为荫浓。木材材质好，可制作高端家具。可作庭荫树、园景树或行道树。

花果期： 花期5～6月，果期11月。

观赏价值： ★★★

保护等级： 易危种，国家二级重点保护野生植物。

短萼仪花

Lysidice brevicalyx

科属： 云实科仪花属。

特征： 常绿乔木。小叶3～4（5）对，长6～12cm。圆锥花序长13～20cm，披散，苞片和小苞片白色；花萼管长5～9mm，裂片比萼管长；花瓣倒卵形，连瓣柄长1.6～1.9cm，紫色。荚果长圆形或倒卵状长圆形，长15～26cm。

来源： 栽培。广西有野生。

观赏特性与用途： 树形挺拔，树冠浓密，叶色墨绿，花色艳丽，为良好的园景树和行道树。

花果期： 花期7～8月，果期9～11月。

观赏价值： ★★★★

中国无忧花（无忧花、火焰花）　　　*Saraca dives*

科属： 云实科无忧花属。

特征： 常绿乔木。幼枝紫褐色。羽状复叶长30～50cm，幼时紫红色，下垂；小叶对生，4～6对，革质，长椭圆形、椭圆状长卵形或椭圆状倒卵形，长10～20cm，宽4～11cm，先端渐尖。花密生，组成伞房花序；小苞片黄色、橙色或绯红色，宿存；萼筒长1.2～1.7cm，萼片4，花瓣状。果带形，扁平，长10～30（～45）cm，宽5～7cm，开裂。

来源： 栽培。广西有野生。

观赏特性与用途： 树形美观，冠形浓密，枝叶紫红且下垂，花色艳丽，是优良的观赏树种，可栽作行道树、园景树或庭荫树。

花果期： 花期3～5月，果期7～10月。

观赏价值： ★★★★★

双荚决明 | *Senna bicapsularis*

科属： 云实科山扁豆属。

特征： 常绿直立灌木。多分枝，无毛。小叶3～4对，倒卵形或倒卵状长圆形，膜质，长2.5～3.5cm，宽约1.5cm，顶端圆钝；在最下一对小叶间有腺体1枚。总状花序生于枝条顶端的叶腋间，常集成伞房花序状，花鲜黄色，直径约2cm；雄蕊10枚，7枚能育，能育雄蕊中有3枚特大。荚果圆柱状，膜质，直或微曲，长13～17cm，直径1.6cm。

来源： 栽培。原产美洲热带地区。

观赏特性与用途： 株形秀丽，枝叶浓绿，花色鲜黄，常用于庭园中孤植、列植或丛植观赏。

花果期： 花期10～11月，果期11月至次年3月。

观赏价值： ★ ★ ★ ★ ★

望江南（羊角菜） | *Senna occidentalis*

科属： 云实科山扁豆属。

特征： 常绿亚灌木。枝条草质，具棱。小叶3～5对，卵形或卵状披针形，长3～10cm，先端渐尖，有小缘毛；叶柄近基部具圆锥状腺体。伞房式总状花序顶生，花序长约5cm；萼片和花瓣大小不等；花冠黄色；雄蕊10枚，其中3枚不育。果带状镰形，稍扁，长10～13cm，膜质，有尖头及短柄；种子30～40粒，种子间成节状有隔膜。

来源： 栽培，有野生。原产热带非洲。

观赏特性与用途： 株形秀美，叶色翠绿，花色绚黄，可丛植或片植作地被，嫩叶作蔬菜。

花果期： 花期7～9月，果期10～11月。

观赏价值： ★ ★

黄槐决明（黄槐、黄花槐）

Senna surattensis

科属： 云实科山扁豆属。

特征： 常绿小乔木。幼枝、叶轴、叶柄、花序均被毛。小叶7～9对，长椭圆形或卵形，长2～3cm，宽1～1.5cm，顶端钝圆或微凹，基部稍偏斜；叶轴和叶柄近方形，下部2～3对小叶间和叶柄上部各有2～3枚棒状腺体。总状花序腋生；花瓣黄色。果带状，扁平，长7～11cm，宽1～1.3cm，种子间常缢缩，具喙；种子10～20粒。

来源： 栽培。原产印度、斯里兰卡、印度尼西亚、菲律宾和澳大利亚。

观赏特性与用途： 树形秀雅，羽叶扶疏，叶片墨绿，花朵繁富，花色鲜黄，花期长，是优良的行道树及园景树种。木材淡黄或淡黄褐色，材质坚重，可作高级家具，叶为缓泻剂，花、果治痔疮出血。

花果期： 花果期几全年，盛花期9～12月。

观赏价值： ★★★★★

蔓花生（铺地黄金）

Arachis duranensis

科属： 蝶形花科落花生属。

特征： 多年生草本。枝条呈蔓性，株高10～15cm。叶互生，倒卵形，全缘。花腋生，蝶形，金黄色。荚果长桃形，果实易分散。

来源： 栽培。原产中南美洲。

观赏特性与用途： 藤蔓匍匐，黄花星布，甚为美丽，蔓生性强，覆盖度高，易养护，是优良的地被植物。

花果期： 花期春季至秋季，少见结果。

观赏价值： ★ ★ ★ ★ ★

木豆 *Cajanus cajan*

科属： 蝶形花科木豆属。

特征： 半常绿直立灌木。分枝多，小枝有棱，密被柔毛。叶柄长1.5～5cm，上面具浅槽；小叶3，纸质，披针形或长椭圆状披针形，长4～10cm，先端渐尖，两面密被柔毛，下面有不明显的黄色腺点。总状花序长3～7cm，花数朵生于顶部；花梗、萼、子房及果均被黄色绒毛；花萼长7mm，外被黄色腺点；花冠黄色，长2cm。果线状长扁圆形，长4～7cm。

来源： 栽培。原产于印度。

观赏特性与用途： 耐干旱瘠薄，常用于边坡绿化和保持水土。

花果期： 花期2～11月，果期3～4月及9～10月。

观赏价值： ★★

大猪屎豆 *Crotalaria assamica*

科属： 蝶形花科猪屎豆属。

特征： 直立灌木状草本，粗壮，高1～1.5m。茎、枝圆柱形，具纵条纹，髓中空。全株被丝光质贴伏的短柔毛。单叶，叶片狭椭圆状长圆形，长8～17cm，宽2～4.5cm，先端圆钝或短尖，具细小短尖头，叶面无毛，背面密被毛。总状花序顶生，伸长达20～50cm；花冠金黄色，长1.5～2cm。荚果长圆形，长4～7.5cm，径2～2.4cm；种子20～30颗，斜心形。

来源： 栽培。我国有野生。

观赏特性与用途： 生长快，习性强健，适应性强，常用于边坡绿化和保持水土。茎、叶可作绿肥和饲料。

花果期： 花期9月，果期12月至次年3月。

观赏价值： ★★★★

三尖叶猪屎豆　　　　*Crotalaria micans*

科属： 蝶形花科猪屎豆属。

特征： 草本或亚灌木。茎枝圆柱形，粗壮，各部密被锈色贴伏毛。叶三出，柄长2～5cm，小叶质薄，椭圆形或长椭圆形，先端渐尖，具短尖头，长4～7cm，宽2～3cm，上面仅中脉有毛，顶生小叶较侧生小叶大。总状花序顶生，长10～30cm；花梗长5～7mm；花萼近钟形，五裂；花冠黄色。荚果长圆形，长2.5～4cm，径1～1.5cm，幼时密被锈色柔毛。

来源与生境： 栽培，有野生。原产美洲。现栽培或逸生于路边草地、山坡草丛中。

观赏特性与用途： 生长快，习性强健，适应性强，常用于边坡绿化和保持水土。茎叶可作绿肥和饲料。

花果期： 花果期5～12月。

观赏价值： ★★★

猪屎豆　　　　*Crotalaria pallida*

科属： 蝶形花科猪屎豆属。

特征： 多年生草本或呈灌木状。茎枝密被紧贴的短柔毛。叶三出，柄长2～4cm；小叶长圆形或椭圆形，长3～6cm，宽1.5～3cm，先端钝圆或微凹，上面无毛；小叶柄长1～2mm。总状花序顶生，长达25cm；花梗长3～5mm；花萼近钟形，五裂；花冠黄色。荚果长圆形，长3～4cm，径5～8mm，幼时被毛，果瓣开裂后扭转。

来源与生境： 野生，有栽培。生于荒山草地及砂质土壤中。

观赏特性与用途： 生长快，习性强健，适应性强，常用于边坡绿化和保持水土。茎叶可作绿肥和饲料。

花果期： 花果期9～12月。

观赏价值： ★★★

降香（降香黄檀、黄花梨）

Dalbergia odorifera

科属：蝶形花科黄檀属。

特征：常绿或半落叶乔木。主干多不通直；嫩枝有毛。奇数羽状复叶，小叶9～13，近革质，卵形、阔卵形或椭圆形，长4～7cm，宽2～3cm，两面无毛，侧脉10～12对，不明显。圆锥花序腋生，长8～10cm；花冠淡黄色或白色；雄蕊9枚，单体。果舌状椭圆形，长4.5～8cm，宽1.5～1.8cm。

来源：栽培。原产海南。

观赏特性与用途：树冠美观，花繁可赏，可栽作园景树、行道树或庭荫树。木材为红木，商品材称黄花梨，供高级家具、乐器、算盘和雕刻等用。

花果期：花期3～4月，果期10～12月。

观赏价值：★★

保护等级：国家二级重点保护野生植物。

假地豆

Desmodium heterocarpon

科属：蝶形花科山蚂蝗属。

特征：半常绿灌木。基部多分枝，幼枝疏被毛。三出复叶，纸质，顶生小叶椭圆形或倒卵形，长2.7～7cm，宽1～3cm，侧生小叶较小，先端微凹，具短尖，下面被平伏白色柔毛，全缘；托叶宿存，狭三角形。总状花序长2～8cm，花序轴被长柔毛，花成对着生，花梗长3mm；花冠紫红色，或白色，长5mm。荚果条形，密集，长1.2～2.5cm。

来源与生境：野生。生于山坡草地、水旁、灌丛或林中。

观赏特性与用途：株形秀丽，花色红艳，习性强健，适应性强，宜片植作地被。

花果期：花期7～10月，果期10～11月。

观赏价值：★★★

鸡冠刺桐　　　　　　　　　　　*Erythrina crista-galli*

科属： 蝶形花科刺桐属。

特征： 落叶灌木或小乔木。茎和叶柄梢具皮刺。羽状复叶具3小叶；小叶长卵形或披针状长椭圆形，长7～10cm，宽3～4.5cm。花与叶同出，总状花序顶生，每节有花1～3朵；花深红色，长3～5cm，稍下垂或与花序轴成直角；花萼钟状，先端二浅裂；子房有柄，具细绒毛。荚果长约15cm，褐色，种子间缢缩；种子大，亮褐色。

来源： 栽培。原产巴西。

观赏特性与用途： 株形奇特，花繁色艳，可栽作园景树或花灌木；树皮入药可作麻醉剂和止痛镇静剂。

观赏价值： ★★★★★

比氏刺桐（珊瑚刺桐）

Erythrina × bidwillii

科属： 蝶形花科刺桐属。

特征： 落叶灌木或小乔木。树皮黑色，纵裂明显。三出羽状复叶，小叶通常卵状椭圆形，长5～10cm。花长5cm，花冠较细长，深红色。

来源： 栽培。为鸡冠刺桐（*Erythrina crista-galli*）和草刺桐（*Erythrina herbacea*）的人工杂交种。

观赏特性与用途： 树形美观，花朵红艳，可栽作园景树。

观赏价值： ★★★★

刺桐

Erythrina variegata

科属： 蝶形花科刺桐属。

特征： 落叶大乔木。树皮灰褐色，枝有明显叶痕及短圆锥形的黑色直刺。羽状复叶具3小叶，常密集枝端；叶柄长10～15cm；小叶宽卵形或菱状卵形，长宽15～30cm；小叶柄基部有一对腺体状托叶。总状花序顶生，长10～16cm；花梗长约1cm；花萼佛焰苞状，长2～3cm；花冠红色，长6～7cm，旗瓣椭圆形。荚果黑色，肥厚，种子间略缢缩，长15～30cm。

来源： 栽培。原产印度至大洋洲。

观赏特性与用途： 树形美观，枝叶扶疏，花朵繁茂，花色红艳，可栽作园景树或行道树。树皮入药，治风湿性关节炎。

花果期： 花期3月，果期8月。

观赏价值： ★★★★

白花油麻藤（禾雀花）   *Mucuna birdwoodiana*

科属: 蝶形花科黧豆属。

特征: 大型木质攀缘藤本。羽状复叶具3小叶，长17~30cm；小叶近革质，顶生小叶长9~16cm，宽2~6cm，两面无毛或疏生短毛；总状花序生于老茎上或腋生，有多花；花冠白色或绿白色，旗瓣长3.5~4.5cm，翼瓣长6.2~7.5cm，与龙骨瓣、子房均密被淡褐色短毛。

来源与生境: 野生。攀缘于林中树上。

观赏特性与用途: 藤蔓美观，花序下垂，花形奇特，花色紫红，适应性强，可作为栅架或栅栏攀缘绿化美化植物。

观赏价值: ★★★★

大球油麻藤   *Mucuna macrobotrys*

科属: 蝶形花科黧豆属。

特征: 大型攀缘木质藤本；茎具纵槽纹。羽状复叶具3小叶，叶长29~33cm；小叶薄革质或纸质，近无毛，顶生小叶椭圆形或长披针形，长11~13cm。花序长约15cm，每节具2~3朵花；花梗长约1cm；花冠暗紫色。果革质，长16~17cm，宽约4.5cm，具偏斜的12~16薄翅状、相距约6mm的伏贴褶襞，腹背缝边缘上有一对宽6~15mm的翅；种子2~3粒。

来源与生境: 野生。攀缘于林中树上。

观赏特性与用途: 藤蔓美观，花序下垂，花形奇特，花色紫红，适应性强，可作为栅架或栅栏攀缘绿化美化植物。

观赏价值: ★★

花榈木 | *Ormosia henryi*

科属: 蝶形花科红豆属。

特征: 常绿乔木。裸芽；小枝、叶轴、叶柄、花序轴、花萼及子房均密被灰黄色绒毛。小叶5~9,长圆形、长圆状披针形或长圆状卵形,长6~10（3~17）cm,宽2~7cm,叶缘微反卷,上面光滑无毛,下面和叶柄密被黄褐色柔毛。圆锥花序；花冠中部黄白或淡绿色。果长圆形,长7~11cm,宽2~3cm,扁平,厚革质,干时紫黑色；种子3~7粒,椭圆形,鲜红色。

来源与生境: 栽培,有野生。生于山坡、溪谷两旁杂木林内。

观赏特性与用途: 树冠圆浑,羽叶繁茂,种子红艳,可栽作园景树或行道树。高级用材树种。

花果期: 花期7~8月,果期10~11月。

观赏价值: ★★

保护等级: 国家二级重点保护野生植物。

海南红豆 | *Ormosia pinnata*

科属: 蝶形花科红豆属。

特征: 常绿乔木。裸芽,嫩枝被柔毛。小叶7~9,披针形,长10~15cm,宽约4cm,薄革质,先端短渐尖或钝,两面无毛。圆锥花序长20~30cm,顶生；花冠粉红带黄白色。果卵形或圆柱形,长3~8cm,肿胀,种子间稍缢缩,具隔膜,木质,成熟时橙红色；种子椭圆形,长1.5~2cm,种皮朱红色。

来源: 栽培。我国有野生。

观赏特性与用途: 树形美观,枝叶稠密,叶色墨绿,种子红色,可栽作园景树、行道树或庭荫树。

花果期: 花期6~8月,果期11~12月。

观赏价值: ★★★

保护等级: 国家二级重点保护野生植物。

排钱树（排钱草）　　　　　*Phyllodium pulchellum*

科属：蝶形花科排钱树属。

特征：半常绿灌木。茎、小枝和叶柄密被白色或灰色柔毛。顶生小叶卵形、椭圆形或卵状长圆形，长6～9cm，宽2～5cm，基部圆。总状花序具叶状苞片20～60，苞片圆形，长1～3cm，苞腋簇生花5～6朵；花冠白色或浅绿色。果长圆形，长7～8mm，宽2cm，荚节2，近无毛，两边缢缩，有缘毛。

来源与生境：野生。生于低海拔山坡、草地、岩石灌丛中。

观赏特性与用途：花序上紧密排列的苞片酷似一串铜钱，因而得名，外貌奇特，可供观赏。

花果期：花期7～8月，果期9～11月。

观赏价值：★★

田菁　　　　　*Sesbania cannabina*

科属：蝶形花科田菁属。

特征：一年生亚灌木状草本。茎绿色，有时带褐红色，微被白粉。偶数羽状复叶有小叶20～30（～40）对，小叶线状长圆形，长0.8～2（～4）cm，宽2.5～4（～7）mm，先端钝或平截，基部圆，两侧不对称，两面被紫褐色小腺点；小托叶钻形，宿存。小枝疏生白色绢毛，与叶轴及花序轴均无皮刺。花黄色。荚果细长圆柱形，具喙，长12～22cm，具20～35粒种子。

来源与生境：野生。常生于水田、水沟等潮湿低地。

观赏特性与用途：适应性强，耐干旱贫瘠，适宜路旁、边坡绿化。

花果期：花果期9月至次年4月。

观赏价值：★★★

葫芦茶

Tadehagi triquetrum

科属: 蝶形花科葫芦茶属。

特征: 半常绿灌木。茎直立，小枝具三棱。叶窄长圆形或窄卵状披针形，长4～18cm，先端急尖，基部近心形，下面沿脉疏被柔毛；叶柄长1～3cm，两侧有宽翅，翅宽4～8mm。总状花序15～30cm，被丝状或小钩状毛；花2～3朵簇生于节上；花冠紫红色或蓝紫色，长5mm，旗瓣近圆形，先端凹。果长2～5cm，宽0.5～0.7cm，荚节5～8，密被黄色或白色糙毛。

来源与生境: 野生。生于荒地或山地林缘，路旁。

观赏特性与用途: 株形秀美，叶形奇特，花色艳丽成串，可供观赏；全株入药，可作凉茶，清热解毒。

花果期: 花期7～9月，果期10～11月。

观赏价值: ★★★

白灰毛豆

Tephrosia candida

科属: 蝶形花科灰毛豆属。

特征: 常绿亚灌木。小枝、叶轴密被白色绒毛。叶轴上面有沟槽；小叶17～25，长圆状披针形或窄椭圆形，长3～6.5cm，先端圆，有芒尖，下面密被白色平伏丝毛。总状花序长15～20cm，花序轴、花梗、萼均被锈色丝毛；花冠浅黄色或淡红色，旗瓣外面密被白色绢毛。果条形，稍弯，长7～10cm，密被黄褐色绒毛；种子10～15粒。

来源: 栽培。原产印度和马来半岛，常见逸为野生。

观赏特性与用途: 株形美观，花朵美丽，可供观赏。习性强健，适应性广，生长快速，为优良的荒山荒地绿化先锋树种和水土保持树种。

花果期: 花期10～11月，果期11～12月。

观赏价值: ★★★

猫尾草

Uraria crinita

科属: 蝶形花科狸尾豆属。

特征: 常绿亚灌木。茎直立,分枝少。奇数羽状复叶,茎下部小叶通常3,上部为5(7);枝、叶柄、小托叶、叶背有柔毛;小叶近革质,长椭圆形、卵状披针形或卵形;顶端小叶长6~15cm,宽3~8cm,侧生小叶略小。总状花序顶生,长15~30cm或更长,粗壮,密被灰白色长硬毛;苞片长达2cm;花冠紫色,长6mm。荚果荚节2~4。

来源与生境: 野生。生于干燥旷野坡地、路旁或灌丛中。

观赏特性与用途: 株形美观,花序直立、毛茸茸的酷似猫尾巴,花朵紫红艳丽,观赏价值较高。

花果期: 花、果期4~9月。

观赏价值: ★★★★

紫藤

Wisteria sinensis

科属: 蝶形花科紫藤属。

特征: 落叶木质大藤本。羽片长15~25cm;小叶7~13,纸质,卵形、长圆形或卵状披针形,长4.5~8cm,宽2~4cm,先端渐尖,上部叶较大;小托叶刺状,宿存。总状花序长15~30cm,下垂,花梗长1.5~2.5cm,花序轴、花梗及萼均被白色柔毛;花冠紫色或紫堇色,长1.5~2.5cm,具香气,旗瓣基部有2枚胼胝体。果倒披针形,长10~15cm,具喙,密被黄色绒毛。

来源: 栽培。原产我国,栽培历史悠久。

观赏特性与用途: 枝繁叶茂,遮阴效果好,花先叶开放,穗大而美且芳香,是棚架、门廊、墙垣绿化美化的优良树种。

花果期: 花期4月中旬至5月上旬,果期5~8月。

观赏价值: ★★★★

枫香树(枫树)

Liquidambar formosana

科属: 金缕梅科枫香树属。

特征: 落叶乔木。小枝被柔毛。叶长6~12cm,掌状3裂,中间裂片较长,先端尾尖;基部心形,边缘有锯齿;掌状脉3~5条;叶柄长4~9cm。花单性,雌雄同株;雄花短穗状花序组成圆锥花序,无花被;雌花排成头状花序,花序梗长3~6cm,无花瓣。头状果序圆球形,直径2.5~4.5cm,花柱及针状刺萼齿宿存。

来源与生境: 野生或栽培。生于低山次生林和村落附近。

观赏特性与用途: 树形通直,枝叶浓密,秋叶红艳,可列植作行道树、孤植作园景树或片植于山坡营造霜叶林。

花果期: 花期3月,果期10月。

观赏价值: ★★★

红花檵木

Loropetalum chinense var. **rubrum**

科属：金缕梅科檵木属。

特征：常绿灌木或小乔木。叶革质，卵形，先端尖锐，基部钝，歪斜。花3～8朵簇生，有短花梗，花紫红色，长2cm，比新叶先开放，或与嫩叶同时开放，花序柄被毛，萼筒杯状，花瓣4片，带状；雄蕊4枚，退化雄蕊4枚，鳞片状，与雄蕊互生，子房完全下位。

来源：栽培。原产我国。

观赏特性与用途：株形秀美，枝叶细密，嫩枝及花瓣紫红色，耐修剪，萌芽力强，官作花灌木、彩色地被或模纹植物景观。

花果期：花期3～4月。

观赏价值：★★★★★

壳菜果（米老排）

Mytilaria laosensis

科属：金缕梅科壳菜果属。

特征：常绿乔木。嫩枝无毛。叶革质，宽卵圆形，长10～13cm，宽7～10cm，先端短渐尖，基部心形；掌状3浅裂或全缘，两面均无毛，有5条掌状脉；叶柄长7～10cm，无毛。花序轴长4cm，花序柄长2cm，无毛；花多数，萼筒藏于花序轴内；花瓣5，舌状，长8～10mm，肉质。

来源：栽培。原产我国。

观赏特性与用途：树形通直，枝叶浓密，叶色翠绿，生长快，可栽作园景树或景观树。

花果期：花期6～7月，果期10月中旬至11月上旬。

观赏价值：★★

小花红花荷（红苞木）　　　　*Rhodoleia parvipetala*

科属：金缕梅科红花荷属。

特征：常绿乔木。树干通直；小枝无毛。叶革质，长椭圆形，长5～10cm，宽2～4cm，全缘，先端尖，三出脉，上面深绿色，发亮，下面灰白色，无毛。头状花序长2～2.5cm；总苞片5～7，卵圆形，长7～10mm；花瓣2～4，匙形，长1.5～1.8cm，宽5～6mm；雄蕊6～8枚，与花瓣等长。果序径2～2.5cm；蒴果5个，卵圆形，长1cm，先端开裂为4果瓣。

来源：栽培。原产我国。

观赏特性与用途：树形秀丽，花朵繁丰，花色红艳，花期长，可作园景树或行道树。

花果期：花期2～4月。

观赏价值：★★★★

匙叶黄杨　　　　*Buxus harlandii*

科属：黄杨科黄杨属。

特征：常绿小灌木。分枝极密，小枝四棱形，被轻微短柔毛。叶倒卵状匙形或匙形，长6～11mm，宽3.5mm；或匙状线形，长1.5～2cm，宽2.5～4mm；先端钝或有凹口，两面中脉隆起，叶面侧脉明显，与中脉成45°；叶柄短。花序轴密生软毛；雄花无花梗。蒴果卵形，长6mm；宿存花柱长1.5mm，柱头下延至花柱中部。

来源：栽培。原产我国广东。

观赏特性与用途：株形矮小，枝叶繁茂，四季常青，是绿篱和花坛的理想材料，亦可栽作盆景。

花果期：花期2～5月，果期6～10月。

观赏价值：★★★★

垂柳（柳树） *Salix babylonica*

科属： 杨柳科柳属。

特征： 落叶乔木。小枝细长，下垂，无毛。叶狭披针形或线状披针形，长8～16cm，宽0.5～1.5cm，先端长渐尖，基部楔形，两面无毛或微有毛，具细锯齿；叶柄长0.5～1.2cm，有短柔毛。雄花序长1.5～3cm，轴有毛；雌花序长2～3cm，基部有3～4小叶，轴有毛。蒴果长3～4mm。

来源： 栽培。原产我国。

观赏特性与用途： 树形优美，枝条下垂，随风起舞，婀娜多姿，耐水湿，是优良的堤岸绿化树种。

花果期： 花期3～4月，果期4～5月。

观赏价值： ★ ★ ★ ★

杨梅 *Myrica rubra*

科属： 杨梅科杨梅属。

特征： 常绿乔木。树皮纵向浅裂；小枝、叶、叶柄无毛。叶革质，常密集于小枝上端，楔状倒卵形至楔状倒披针形，长6～16cm，宽1～4cm，下面有金黄色腺体；叶柄长2～10mm。花雌雄异株；雄花序单独或数朵丛生于叶腋，圆柱状，长1～3cm；雌花序常单生于叶腋。核果球状，外表面具乳状凸起，熟时深红色或紫红色。

来源： 栽培。原产我国。

观赏特性与用途： 树形优美，枝叶浓密，果色鲜艳，可栽作园景树或庭荫树，为亚热带著名水果。

花果期： 花期4月，果期6～7月。

观赏价值： ★ ★ ★

红锥（红椎） *Castanopsis hystrix*

科属： 壳斗科锥属。

特征： 常绿乔木。树皮薄片状剥落；当年生枝紫褐色，纤细；嫩枝被柔毛。叶卵形、卵状披针形或卵状椭圆形，长5～12cm，宽2～4cm，全缘或顶端有浅锯齿，下面被鳞秕及短柔毛；叶柄长5～10mm，被柔毛。果序长15cm；壳斗有1枚果，球形，连刺径2.5～4cm，整齐4瓣裂，刺长8～12mm，基部或中部有分枝；坚果宽圆锥形，径0.8～1.5cm。

来源与生境： 栽培，有野生，生于山地林中。

观赏特性与用途： 树形通直，枝叶浓密，水土保持能力强，可用于山坡绿化。果实含淀粉，可食用。

花果期： 花期4～6月，果期次年8～10月。

观赏价值： ★★

朴树 *Celtis sinensis*

科属： 榆科朴属。

特征： 落叶乔木。树皮平滑，灰色；1年枝被密毛。叶革质，宽卵形至狭卵形，长3～10cm，先端尖至渐尖，中部以上边缘有浅锯齿，三出脉；叶柄长3～10mm。花杂性（两性花和单性花同株），1～3朵生于当年枝的叶腋；花被片4枚，被毛；雄蕊4枚；柱头2枚。核果近球形，直径4～5mm，红褐色；果柄与叶柄近等长。

来源与生境： 栽培，有野生。生于路旁、村边、山坡、林缘。

观赏特性与用途： 树形圆浑，树干通直，可栽作园景树、行道树或庭荫树，也是树桩盆景的理想材料。

花果期： 花期3～4月，果期9～10月。

观赏价值： ★★

波罗蜜（菠萝蜜、木菠萝）

Artocarpus heterophyllus

科属： 桑科波罗蜜属。

特征： 常绿乔木。小枝有环状托叶痕，无毛。叶螺旋状排列，厚革质，椭圆状长圆形至倒卵形，长7～15cm，宽3～7cm，先端钝而短尖，基部宽楔形，全缘，两面无毛；叶柄长1～2.5cm；托叶大而抱茎，长1.5～8cm。花单性，雌雄同株；雄花序顶生或腋生，圆柱形或棍棒状，长5～8cm；雌花序圆柱状或长圆形，生于树干或主枝上。

来源： 栽培。原产印度。

观赏特性与用途： 树冠圆阔，枝叶浓密，树干硕果累累，甚为奇特，可栽作园景树、行道树或庭荫树。为热带名果，花被可食用。

花果期： 花期2～3月，果期7～9月。

观赏价值： ★★

构树

Broussonetia papyrifera

科属： 桑科构属。

特征： 落叶乔木。树皮暗灰色而光滑；枝粗而直，小枝被毛。叶宽卵形至长圆状卵形，长7～20cm，宽4～8cm，先端渐尖，基部略偏斜，不裂或2～3裂，有时裂了又裂，尤其是苗期和萌生枝，边缘具粗锯齿，叶两面粗糙，被粗毛，基出三出脉。雌雄异株；雄花为柔荑花序，腋生，下垂；雌花序为稠密的头状花序。聚花果球形，径约3cm，子房柄肉质，橘红色。

来源与生境： 野生。生于山坡、平地、村落附近或房前屋后。

观赏特性与用途： 树形美观，叶形奇特多变，果实红艳。果实成熟可食用。喜光，生长快，萌芽力强。

花果期： 花期4～5月，果期6～7月。

观赏价值： ★★

高山榕（大叶榕）　　　　　*Ficus altissima*

科属： 桑科榕属。

特征： 常绿大乔木。叶厚革质，广卵形至广卵状椭圆形，长10～19cm，宽8～11cm，全缘，两面光滑无毛；叶柄长2～5cm，粗壮；托叶厚革质，长2～3cm，外面被灰色绢丝状毛。榕果成对腋生，直径17～28mm，成熟时红色或带黄色。

来源与生境： 栽培，有野生古树。生于山坡林中、林缘或村边、河岸。

观赏特性与用途： 树形圆浑，树冠广阔，四季常绿，有气生根，易生长成支柱根，耐干旱瘠薄。可栽作庭荫树或行道树。

花果期： 花果期4～7月。

观赏价值： ★★

大果榕　　　　　*Ficus auriculata*

科属： 桑科榕属。

特征： 常绿乔木。树冠扩展。幼枝中空，被柔毛。叶厚纸质，广卵状心形，长15～55cm，宽13～27cm，先端钝，具短尖头，基部心形，具整齐细锯齿，基出脉5～7条；叶柄长5～8cm；托叶三角状卵形，长1.5～2cm，紫红色。花序梗粗壮，花序大型，簇生于老茎，梨形或扁球形，径4～6cm，具明显的纵棱8～10条，被毛，顶部截形，脐状突起。

来源与生境： 野生。生于低山沟谷潮湿林中。

观赏特性与用途： 树形美观，枝叶扶疏，叶片宽阔，老茎挂果，为优良观果树种，可栽作园景树。成熟花序味甜，可生食。

花果期： 花果期几全年。

观赏价值： ★★★

垂叶榕   *Ficus benjamina*

科属： 桑科榕属。

特征： 常绿大乔木。小枝下垂。叶薄革质，有光泽，椭圆形或卵状椭圆形，长4～7cm，宽2～6cm，先端渐尖，稍下垂，全缘；叶柄长1～2.5cm。花序无梗，单生或成对腋生。榕果熟时黄色，径0.5～1.2cm。

来源： 栽培。原产我国。

观赏特性与用途： 树形美观，树冠浓郁，为优良的行道树、园景树和行道树。栽培品种有'花叶'垂榕（*Ficus benjamina* 'Variegata'）、'金叶'垂榕（*Ficus benjamina* 'Golden Leaves'）。

花果期： 花果期5～10月。

观赏价值： ★★★★

柳叶榕（长叶榕、亚里垂榕）   *Ficus binnendijkii*

科属： 桑科榕属。

特征： 常绿小乔木。叶通常互生，披针形至狭披针形，全缘，无毛；托叶合生，包被于顶芽外，早落，脱落后留有环形的痕迹。雌雄同株，生于球形中空的花序托内；有雄花、瘿花和雌花。榕果腋生，口部苞片覆瓦状排列，基生苞片3。

来源： 栽培。原产我国。

观赏特性与用途： 树姿美丽，枝繁叶茂，叶色墨绿，气生根发达，易形成板根，宜栽作园景树、庭荫树或行道树。

花果期： 花果期冬季。

观赏价值： ★★★★

印度榕（橡胶榕、印度橡胶树、橡皮榕） *Ficus elastica*

科属：桑科榕属。

特征：常绿大乔木。树冠开展，树皮平滑。叶厚革质，长椭圆形或矩圆形，长10～30cm，宽10～15cm，先端短渐尖，全缘；主脉粗壮，侧脉多而细，平行且直，两面平滑；叶柄粗壮，长3～6cm；托叶大，披针形，长10～20cm，淡红色。花序托无梗，成对着生于叶腋，成熟时黄色，长约1.2cm。

来源：栽培。云南有野生。

观赏特性与用途：树形美丽，叶片宽阔，叶面亮绿，气生根发达，易形成支柱根或板根，宜栽作园景树、庭荫树或行道树，亦可盆栽室内观赏。

花果期：花果期冬季。

观赏价值：★★★★

黄毛榕 *Ficus esquiroliana*

科属：桑科榕属。

特征：常绿小乔木。幼枝中空，被褐黄色长硬毛。叶互生，纸质，宽卵形，长17～27cm，先端尖，基部心形，两面有长毛，侧脉5～6对，3～5裂或不裂，具细锯齿；叶柄长5～11cm，疏被长硬毛，托叶披针形，长1～1.5cm。榕果腋生，径2～2.5cm，被淡褐色长毛，顶部脐状。

来源：野生。生于山坡、沟谷林中。

观赏特性与用途：树形美观，树冠浓密，叶片宽阔，茎干果实累累，为优良的观果树种，宜栽作园景树或沟旁防护树。

花果期：花果期5～9月。

观赏价值：★★★

榕树（小叶榕）　　　　　　　　*Ficus microcarpa*

科属: 桑科榕属。
特征: 常绿大乔木。树皮灰色；冠幅广阔伸展；干枝常具气生根。叶薄革质，狭椭圆形，长4~8cm，宽2~4cm，先端钝尖，基部楔形或圆钝，两面无毛，基部三出脉；叶柄长0.7~1.5cm，无毛。隐头花序成对腋生，径6~8mm，无梗，熟时暗紫色。
来源与生境: 野生，有栽培。根群强大，耐干旱，于石壁、石缝中亦能生长良好。
观赏特性与用途: 树冠圆浑，枝繁叶茂，叶片翠绿，四季常绿，遮阴效果好，气生根发达，易形成板根，可栽作庭荫树、园景树或行道树，小可盆栽养成桩景。
花果期: 花果期5~9月。
观赏价值: ★★★★

'黄金'榕　　　　　　　　*Ficus microcarpa* 'Golden Leaves'

科属: 桑科榕属。
特征: 榕树的栽培品种。常绿灌木，叶片倒卵形，新叶乳黄色至金黄色，后变为绿色。
来源: 栽培。
观赏特性与用途: 喜光，耐修剪，适合栽作绿篱或修剪造型，也可用于布置模纹花坊或片植成金黄色地被。
观赏价值: ★★★★★

菩提树 Ficus religiosa

科属：桑科榕属。

特征：常绿大乔木。树皮黄白色或灰色，平滑或微具纵棱，树枝偶有气生根，冠幅广展，幼枝被微柔毛。叶革质，三角状卵形，长9~17cm，宽7~12cm，先端骤尖，具2~5cm的尾尖，基部宽楔形至浅心形，全缘或波状；叶柄纤细，具关节，与叶片等长。隐头花序成对腋生，无梗，径8~15mm。

来源：栽培。原产印度、巴基斯坦、缅甸、泰国。

观赏特性与用途：树冠圆浑，分枝扩展，枝繁叶茂，叶片宽阔，叶尖尾尖，是优良的观赏树种，可栽作园景树、行道树或庭荫树。

花果期：花果期4~5月。

观赏价值：★★★★★

笔管榕 Ficus subpisocarpa

科属：桑科榕属。

特征：落叶乔木。分枝具很少气生根；小枝细，直径3~10mm，无毛。叶互生，坚纸质，无毛，宽椭圆形，长5~12cm，宽2~6cm，先端钝或短渐尖，基部钝或圆形，全缘，基生脉3条，侧脉6~8对；叶柄长2~4cm。榕果单生或成对或簇生于叶腋或生无叶枝上，结果量大，直径7~15mm，成熟时紫黑色。

来源与生境：野生。生于村旁、山地疏林中。

观赏特性与用途：树姿优美，叶片墨绿，春叶黄白奇特，适合作行道树、园景树或庭荫树。

花果期：花果期4~6月。

观赏价值：★★

花叶冷水花　　　　　　　　　　*Pilea cadierei*

科属：荨麻科冷水花属。

特征：多年生草本。无毛。茎肉质，高15～40cm。叶多汁，倒卵形，长2.5～6cm，宽1.5～3cm，先端骤凸，边缘有齿，上面深绿色，中央有2条间断的白斑，基出脉3条；叶柄长0.7～1.5cm。花雌雄异株；雄花序头状，常成对生于叶腋，花序梗长1.5～4cm；雌花长约1mm。

来源：栽培。原产越南。

观赏特性与用途：株形秀丽，叶片有白斑，是优良的观叶植物，可片植为地被或盆栽观赏。

花果期：花期9～11月。

观赏价值：★★★★★

'龟甲'冬青

Ilex crenata 'Convexa'

科属: 冬青科冬青属。

特征: 常绿灌木。多分枝,小枝具有灰色细毛。叶小而密,叶片椭圆形或长倒卵形;革质,叶面亮绿色,无毛;叶柄上面具槽。雄花成聚伞花序,单生于当年生枝的鳞片腋肉或下部的叶腋内,花白色;花瓣阔椭圆形,雄蕊短于花瓣,花药椭圆体状,雌花单花。果球形,成熟后黑色;宿存花萼平展,内果皮革质。

来源: 栽培。我国有野生。

观赏特性与用途: 树形美观,枝叶茂密,叶片亮绿,常用作地被或绿篱,也可盆栽。

花果期: 花期5~6月,果期9~10。

观赏价值: ★ ★ ★ ★

扣树(苦丁茶)

Ilex kaushue

科属: 冬青科冬青属。

特征: 常绿乔木。小枝粗壮。叶革质,长圆形至长圆状椭圆形,长10~18cm,宽4.5~7.5cm,先端急尖或短渐尖,边缘具重锯齿或粗锯齿,主脉叶面凹陷,侧脉14~15对,在叶缘附近网结,网脉细密而明显;叶柄长2~2.2cm,被柔毛。果球形,成熟时红色;宿存柱头脐状。

来源: 栽培。原产我国。

观赏特性与用途: 树形高耸,枝叶扶疏,叶质厚色墨绿,可栽作园景树、庭荫树或行道树,叶清香有苦味而后甘凉,可代茶,称为"苦丁茶"。

花果期: 花期5~6月,果期9~10月。

观赏价值: ★ ★ ★

保护等级: 国家二级重点保护野生植物。

铁冬青 / *Ilex rotunda*

科属：冬青科冬青属。

特征：常绿灌木或乔木。叶仅见于当年生枝上，叶薄革质或纸质，卵形、倒卵形或椭圆形，长4～9cm，宽1.8～4cm，先端短渐尖，全缘，稍反卷，两面无毛；叶柄顶端具叶片下延的狭翅；托叶早落。果近球形，成熟时红色，宿存柱头厚盘状。

来源：栽培，有野生。

观赏特性与用途：树形秀雅，叶片墨绿，秋季红果累累，为优良观赏树种，可栽作园景树，亦可用于制作桩景；叶和树皮可入药。

花果期：花期4月，果期8～12月。

观赏价值：★★★★

檀香 / *Santalum album*

科属：檀香科檀香属。

特征：常绿小乔木。半寄生；节间稍肿大。叶卵状披针形或椭圆状卵形，膜质，长4～8cm，宽2～4cm，基部稍下延，下面被白粉。花序长2.5～4cm，花梗长2～4mm；花被管钟状，长2mm，裂片卵状三角形，初时内面黄绿色，后呈深棕红色；雄蕊长2.5mm，外伸。果近球形或椭圆状球形，长1～1.2cm，径1cm，深紫红色至黑色。

来源：栽培。原产于太平洋岛屿。

观赏特性与用途：檀香心材黄褐色，有强烈香气，是贵重的药材和名贵的香料。

花果期：花期5～6月，果期7～9月。

观赏价值：★★

乌蔹莓　　　　　　　　*Cayratia japonica*

科属： 葡萄科乌蔹莓属。

特征： 多年生草质藤本。小枝圆柱形，有纵棱纹，无毛或微被疏柔毛。卷须2～3叉分枝，相隔2节间断与叶对生。叶为鸟足状5小叶，中央小叶长椭圆形或椭圆披针形，长2.5～4.5cm，宽1.5～4.5cm，边缘有锯齿，无毛；托叶早落。花序腋生，复二歧聚伞花序；花梗长1～2mm；花瓣4，三角状卵圆形。果实近球形，直径约1cm。

来源与生境： 野生。生于山谷林中或山坡灌丛。

观赏特性与用途： 藤蔓细长，攀缘或悬吊状，鸟足状复叶和复二歧聚伞花序形态奇特，有较高的观赏价值，可栽之攀附棚架、栅栏等，呈现垂直绿化景观。

花果期： 花期4～7月，果期8～11月。

观赏价值： ★★

异叶地锦（爬山虎）　　　*Parthenocissus dalzielii*

科属： 葡萄科地锦属。

特征： 落叶木质藤本。小枝圆柱形，无毛。卷须总状5～8分枝，相隔2节间断与叶对生，卷须顶端嫩时膨大呈圆珠形，后遇附着物扩大呈吸盘状。二型叶，无毛，着生在短枝上常为3小叶，较小的单叶常着生在长枝上；叶柄长5～20cm。花序假顶生于短枝顶端。

来源与生境： 栽培，有野生。生于山崖陡壁、山坡、道路边坡或岩石缝中。

观赏特性与用途： 藤蔓紧附墙面，叶形多样，叶色因季节而变化，春秋色变化大，季相明显，叶形美观，可用于墙面、边坡绿化美化，也可作地被栽培。

花果期： 花期5～7月，果期7～11月。

观赏价值： ★★★★

细叶黄皮（山黄皮、鸡皮果）

Clausena anisum-olens

科属：芸香科黄皮属。

特征：常绿灌木至小乔木。当年生枝、叶柄及叶轴均被短柔毛，各部密生半透明油点。叶有小叶5～11枚，小叶镰刀状披针形或斜卵形，长5～12cm，宽2～4cm，两侧明显不对称，叶缘波浪状或有钝裂齿；小叶柄长2～4mm。花序顶生，花白色，有芳香；花瓣5枚，长约3mm。果圆球形，径1～2cm，淡黄色，偶有淡朱红色，半透明。

来源：栽培。原产我国台湾和菲律宾。

观赏特性与用途：树形秀雅，枝叶繁茂，羽叶墨绿，可栽作园景树。果肉味甜中带酸，常用作食物调味品，也可鲜食或盐渍。

花果期：花期4～5月，果期7～8月。

观赏价值：★ ★ ★

黄皮

Clausena lansium

科属：芸香科黄皮属。

特征：常绿灌木至小乔木。小枝、叶轴和花序轴均散生细油点，并密被短直毛。奇数羽状复叶，有小叶5～11枚，小叶卵形或卵状椭圆形，长6～14cm，宽3～6cm，两侧不对称，边缘波浪状或具浅的圆裂齿，叶面中脉被短毛。圆锥花序顶生；花萼和花瓣5枚，雄蕊10枚。果宽卵形，长1.5～3cm黄色，被细毛。

来源：栽培。原产于我国华南地区。

观赏特性与用途：树形婆娑，羽叶翠绿，黄果累累，可栽作园景树，是我国南方特有夏季水果，可鲜食，亦可腌渍。

花果期：花期4～5月，果期7～8月。

观赏价值：★ ★ ★

小花山小橘

Glycosmis parviflora

科属：芸香科山小橘属。

特征：常绿灌木。叶有小叶2～4枚，稀5枚或兼有单小叶；小叶椭圆形或长圆形，长5～19cm，宽2.5～8cm，先端短尖或渐尖，无毛，全缘。圆锥花序长3～5cm，花序轴、花梗及萼片均被褐锈色微柔毛，后脱落；花瓣5枚，白色，长约4mm。果圆球形或椭圆形，径10～15mm，淡黄白色转为红色，半透明油点明显可见。

来源与生境：野生。生于低海拔坡地或杂木林中。

观赏特性与用途：株形秀美，叶色翠绿，果实粉红，晶莹剔透，可孤植或丛植观赏，果可食用，可用于庭园绿化。

花果期：花期3～5月，果期9～11月。

观赏价值：★★

九里香

Murraya exotica

科属：芸香科九里香属。

特征：灌木至小乔木。树干及小枝白灰色或淡黄灰色，当年生枝绿色。叶有小叶3～5枚，卵形或卵状披针形，长3～9cm，宽1.5～4cm，全缘。花序有花多朵；萼片和花瓣均5枚，偶有4枚，萼片卵形，长达2mm，宿存；花瓣长达2cm，盛花时稍反折；雄蕊10枚，花丝白色。果橙黄色至朱红色，狭长椭圆形，长1～2cm。

来源：栽培。原产我国。

观赏特性与用途：株形秀丽，花香浓郁，叶色浓绿，耐修剪，易造型，常栽作绿篱或树球，亦可修剪作树桩盆景。

花果期：花期4～9月，果期9～12月。

观赏价值：★★★★★

橄榄（黄榄）

Canarium album

科属： 橄榄科橄榄属。

特征： 常绿乔木。奇数羽状复叶，长15～30cm，小叶3～6对，对生，纸质至革质，长圆形、椭圆状卵形或披针形，长6～14cm，宽2～5.5cm，基部偏斜，全缘；有托叶。花序腋生，花白色，芳香，雄花序为聚伞花序，雌花序为总状花序。核果卵圆形或椭圆形，长2.5～3.5cm，成熟时黄绿色；果核两端锐尖。

来源： 栽培。原产于我国南方。

观赏特性与用途： 树形高耸，树干通直，树冠浓密，叶片墨绿，可栽作园景树、行道树或庭荫树。果可生食，鲜果初食味涩，久嚼香甜爽口，但多盐渍或糖渍成果脯。

花果期： 花期4～5月，果期10～12月。

观赏价值： ★★★

小叶米仔兰（米兰）

Aglaia odorata var. *microphyllina*

科属： 楝科米仔兰属。

特征： 常绿灌木或小乔木。茎多小枝，幼枝顶部被星状锈色的鳞片。叶长5～12（～16）cm，叶轴和叶柄具狭翅，有小叶3～5片；小叶对生，长2～7cm，两面均无毛。圆锥花序腋生，长5～10cm；花芳香，直径约2mm。浆果，卵形或近球形，长10～12mm。

来源： 栽培。原产我国。

观赏特性与用途： 树形美观，枝叶稠密，花朵繁多，极芳香，易栽培，为颇受人们喜爱的香花植物，盆栽或露地栽培均可。

花果期： 花期5～12月，果期7月至次年3月。

观赏价值： ★★★★★

麻楝 *Chukrasia tabularis*

科属：楝科麻楝属。

特征：落叶乔木。树皮纵裂。偶数羽状复叶，长15～30cm，小叶10～16枚，小叶互生，纸质，卵形至长圆状披针形，长7～12cm，宽3～5cm，两面无毛或密被腺毛；小叶柄长4～8mm。圆锥花序长8～30cm；花瓣黄色或略带紫色，长1.2～1.5cm。蒴果椭圆形，褐色，径3.5～4cm，表面粗糙；种子扁平，有膜质翅，连翅长1.2～2cm。

来源：栽培。广西有野生。喜光，幼年耐阴，速生。

观赏特性与用途：树姿雄伟，幼叶红色，可栽作庭荫树、行道树或园景树。

花果期：花期4～5月，果期10月至次年1月。

观赏价值：★ ★ ★

鸡爪槭（红枫） *Acer palmatum*

科属：槭树科槭属。

特征：落叶小乔木。小枝细瘦。叶纸质，外貌圆形，直径7～10cm，基部心形，常掌状7裂，裂片长圆卵形或披针形，先端锐尖或长锐尖，边缘具紧贴的尖锐锯齿；裂深达叶片的1/2或1/3；叶柄长4～6cm，细瘦，无毛。花紫色，杂性。翅果；翅与小坚果共长2～2.5cm，宽1cm，张开成钝角。

来源：栽培。原产我国。喜光，耐旱。

观赏特性与用途：株形秀雅，枝叶扶疏，叶形美观，入秋后转为鲜红色，为优良的观叶树种，可栽作园景树，亦可用于制作桩景。

花果期：花期5月，果期9月。

观赏价值：★ ★ ★ ★ ★

'羽毛'槭（'羽毛'枫）   *Acer palmatum* 'Dissectum'

科属：槭树科槭属。

特征：鸡爪槭的园艺品种。叶片掌状深裂儿达基部，裂片狭长，又羽状细裂，树体较小。

来源：栽培。一般用中华槭等野生种类作砧木嫁接羽毛槭。

观赏特性与用途：株形秀雅，枝叶扶疏，叶形美观，入秋后转为鲜红色，为优良的观叶树种，可栽作园景树，亦可用于制作桩景。

观赏价值：★ ★ ★ ★ ★

中华槭（五角槭、五角枫）   *Acer sinense*

科属：槭树科槭属。

特征：落叶小乔木。叶近革质，常5裂，基部心形，长10～14cm，宽12～15cm，裂片长圆卵形或三角状卵形，先端锐尖，裂片边缘有细锯齿，叶背略有白粉；叶柄粗壮，无毛，长3～5cm。花杂性。翅果淡黄色，或带红色，长3～3.5cm，张开近于锐角或钝角；翅宽1cm。

来源：栽培。原产我国。

观赏特性与用途：株形秀雅，枝叶扶疏，叶形美观，入秋后转为鲜红色，为优良的观叶树种，可栽作园景树，亦可用于制作桩景。

花果期：花期5月，果期9月。

观赏价值：★ ★ ★

人面子（仁面果）

Dracontomelon duperreanum

科属：漆树科人面子属。

特征：常绿大乔木。树皮灰褐色，块状剥落，常具板根；幼枝被灰色绒毛。奇数羽状复叶，长30～45cm，叶柄及叶轴常有棱；小叶5～7对，常互生，革质，长圆形，长5～14cm，宽2.5～4cm，全缘。圆锥花序比叶稍短；花瓣白色。核果扁球形，直径约2.5cm，成熟时黄色；果核坚硬，核顶端有孔数个。

来源：栽培。原产我国。

观赏特性与用途：树形美观，冠形圆浑，羽叶繁茂，叶色高绿，易形成板根，可栽作庭荫树、行道树或园景树。生长速度快，5年可成荫。果酸甜，有香味，可生食，风味独特。

花果期：花期春夏，果期10～11月。

观赏价值：★★★

杧果（芒果）

Mangifera indica

科属：漆树科杧果属。

特征：常绿大乔木。叶常集生枝顶，叶形和大小变化较大，常为长圆形或长圆状披针形，长12～30cm，宽3.5～6.5cm，先端渐尖、长渐尖或急尖，边缘皱波状，无毛。圆锥花序大，长20～35cm；花小，杂性，黄色；花梗长1.5～3mm，具节；花瓣开花时外卷。核果大型，肾状，压扁，中果皮肉质肥厚，鲜黄色；果核压扁、坚硬。

来源：栽培。原产印度等地。

观赏特性与用途：树形美观，枝叶扶疏，果实累累，可栽作园景树、行道树或庭荫树。著名热带水果。

花果期：初春开花，盛夏果熟。

观赏价值：★★★

扁桃（天桃木）

Mangifera persiciforma

科属：漆树科杧果属。

特征：常绿大乔木。树冠伞状半球形，分枝多而角度小；全株除萼片被毛外，其余均无毛。叶薄革质，狭披针形或线状披针形，长10～20cm，宽2～4cm，先端急尖或短渐尖，基部楔形，边缘皱波状；叶柄长1.5～3.5cm。圆锥花序顶生，长10～20cm，自基部分枝；花黄绿色。果略压扁，长约5cm；果核大，长约4cm。

来源：栽培。原产我国。

观赏特性与用途：树体高大，干形粗壮，树冠圆浑，枝叶紧密、繁茂、浓荫，抗风、抗污，可栽作行道树、园景树或庭荫树，南宁市市树。

花果期：花期2～3月，果期7月。

观赏价值：★★★★

小叶红叶藤

Rourea microphylla

科属：牛栓藤科红叶藤属。

特征：常绿攀缘灌木，多分枝。奇数羽状复叶，幼叶红色，叶轴长5～12cm，小叶7～17（～27）枚，卵形或披针形至长圆状披针形，长1.5～4cm，宽0.5～2cm，常偏斜，全缘，两面均无毛，背面略带粉绿色。圆锥花序腋生，长3～6cm；花芳香，花瓣白色、淡黄或粉红色。蓇葖果椭圆形或斜卵形，长1.4cm，宽0.5cm，成熟时红色。

来源与生境：野生。生于疏林或山坡中。

观赏特性与用途：蔓生性强，羽叶扶疏，叶色变化明显，嫩叶鲜红而成叶浅绿，观赏价值高，可栽作地被或盆栽。

花果期：花期3～9月，果期5月至次年3月。

观赏价值：★★★

常春藤　　　*Hedera nepalensis* var. *sinensis*

科属： 五加科常春藤属。
特征： 常绿木质藤本。小枝被锈色鳞片。营养枝之叶三角状卵形或截形，长5～12cm，宽3～10cm，全缘或3裂，基部截形；花枝之叶椭圆状卵形或椭圆状披针形，稀卵形或宽卵形，长5～16cm，宽1.5～10.5cm，全缘；叶柄被锈色鳞片。伞形花序单生或2～7簇生；花淡黄白色或淡绿白色，芳香。果黄色或红色，径8～14mm。
来源与生境： 野生，有栽培。生于林下，常攀缘于树木、岩石和房屋墙壁上。
观赏特性与用途： 藤蔓柔美，枝叶浓密常青，攀爬力强，可作墙面、假山、枯树、石质边坡绿化之用。
花果期： 花期9～11月，果期次年3～5月。
观赏价值： ★★★

幌伞枫　　　*Heteropanax fragrans*

科属： 五加科幌伞枫属。
特征： 常绿乔木；树皮淡灰棕色；小枝无刺；叶、叶柄、小叶柄无毛。3～5回羽状复叶，长达1m，小叶椭圆形，长5.5～13cm，宽3.5～6cm，全缘。总花序圆锥状，顶生，长30～40cm，密被锈色星状绒毛；伞形花序密集成头状；花序梗长1～1.5cm；花淡黄白色，芳香。果卵球形，黑色，长0.7cm。
来源： 栽培。原产我国。
观赏特性与用途： 主干通直，树冠广卵形，圆整如盖，状如"幌伞"，观赏价值高，可栽作园景树，亦可盆栽观赏。
花果期： 花期10～12月，果期次年2～3月。
观赏价值： ★★★★★

辐叶鹅掌柴（澳洲鸭脚木） *Schefflera actinophylla*

科属： 五加科鹅掌柴属。

特征： 常绿灌木。茎干直立，少分枝；幼枝绿色，平滑。掌状复叶，小叶数随成长变化较大，幼年时3～5片，长大时9～12片，可多达16片；叶长15～25cm，宽5～10cm，叶面有光泽，叶背淡绿色，叶柄红褐色。伞形花序，顶生小花，白色。

来源： 栽培。原产大洋洲。

观赏特性与用途： 株形优雅，树冠伞状，掌叶宽阔，叶色亮绿，花序辐射状而奇特，可作园景树或盆栽观赏。

花果期： 花期春季。

观赏价值： ★★★★

'花叶'鹅掌柴 *Schefflera arboricola* 'Variegata'

科属： 五加科鹅掌柴属。

特征： 常绿灌木，株高0.5～2m。主干直立，分枝较少。叶生于茎节处，具长叶柄，掌状复叶，小叶7～10枚，长约7cm，宽2～3cm，叶厚革质，有光泽；叶片上有不规则的黄斑、白斑，呈花叶状。圆锥状聚伞花序顶生。果熟时橙黄色。

来源： 栽培。原产东南亚。

观赏特性与用途： 植株紧密，树冠整齐，叶色优美，片植作观叶地被或盆栽观赏。

观赏价值： ★★★★★

孔雀木（孔雀鹅掌柴）　*Schefflera elegantissima*

科属： 五加科鹅掌柴属。
特征： 常绿小乔木。树干和叶柄都有乳白色的斑点。叶互生，掌状复叶，小叶7～11枚，条状披针形，长7～15cm，宽1～1.5cm，边缘有锯齿或羽状分裂，幼叶紫红色，后成深绿色，叶脉褐色；总叶柄细长，甚为雅致。
来源： 栽培。原产澳大利亚、太平洋群岛。

观赏特性与用途： 树形优美，叶形雅致，为优良的观叶植物，适合盆栽观赏或用于花灌木。
观赏价值： ★★★★★

南美天胡荽（香菇草）　*Hydrocotyle verticillata*

科属： 伞形科天胡荽属。
特征： 多年生草本。茎蔓性，株高5～15cm，节上常生根。叶倒生，具长柄，圆盾形，边缘波状，绿色，光亮。伞形花序，小花白色。
来源： 栽培。原产欧洲、北美洲、非洲。
观赏特性与用途： 叶形奇特，叶色翠绿，是优良的地被植物。生长迅速，成形较快，可丛植或片植。
观赏价值： ★★★★★

锦绣杜鹃（毛杜鹃） *Rhododendron pulchrum*

科属：杜鹃花科杜鹃花属。

特征：半常绿灌木。幼枝、叶柄、花梗、叶背、花萼、果密被淡棕色扁平糙伏毛。叶椭圆形或椭圆披针形，长2～6cm，先端钝尖；叶柄长4～6mm。花芽有黏质；顶生伞形花序有1～5花；花梗长0.8～1.5cm；花萼5裂；花冠漏斗形，长4.8～5.2cm，玫瑰红色，有深紫红色斑点，5裂；雄蕊10枚，花丝下部被柔毛。蒴果长1cm。

来源：栽培。原产我国。

观赏特性与用途：株形美观，繁花似锦，花色绚丽，花期长，宜丛植或栽作花篱、花境。

花果期：花期4～5月，果期9～10月。

观赏价值：★★★★★

广西杜鹃
Rhododendron kwangsiense

科属：杜鹃花科杜鹃花属。

特征：半常绿灌木。幼枝、叶柄、叶片、花梗、子房、蒴果密被棕褐色糙伏毛。叶革质，集生枝顶，披针形或椭圆状披针形，长1.5～3.6cm，宽1～2cm；叶柄长3～6mm。伞形花序顶生，有花5～10朵；花梗长5～8mm；花冠狭漏斗形，长2～2.5cm，淡紫红色，5裂，裂片披针形，先端具尖头；雄蕊5枚，花丝无毛。蒴果长卵球形，长约6mm。

来源与生境：野生。生于常绿阔叶林或灌木丛中。

观赏特性与用途：喜光，耐旱，可在疏林中散植或用于林缘、边坡绿化美化。

花果期：花期4～5月，果期7～11月。

观赏价值：★★★

杜鹃（映山红）
Rhododendron simsii

科属：杜鹃花科杜鹃花属。

特征：落叶灌木。小枝、叶柄、叶片、花梗、花萼、子房、蒴果密被扁平糙伏毛。叶革质，常集生枝顶，椭圆状卵形至倒披针形，长1.5～5cm，宽0.5～3cm；叶柄长2～6mm。花2～6朵簇生枝顶；花冠阔漏斗形，鲜红色，长3.5～4.5cm，5裂，上部裂片具深红色斑点；雄蕊10枚，花丝中部以下被微柔毛。蒴果卵球形，长1cm。

来源与生境：栽培，有野生。生于山地疏灌丛或松林下。

观赏特性与用途：株形秀丽，繁花团簇，花冠红艳，是优良的盆景材料。宜在林缘、溪边、池畔及岩石旁丛植或片植。

花果期：花期3～5月，果期7～10月。

观赏价值：★★★★★

朱砂根（富贵子） *Ardisia crenata*

科属： 紫金牛科紫金牛属。

特征： 常绿灌木。茎粗壮，无毛，除侧生特殊化枝外，无分枝。叶革质，长7～15cm，宽2～4cm，边缘具皱波状或波状齿，具明显的边缘腺点，两面无毛；叶柄长1cm。伞形花序或聚伞花序，着生于侧生特殊花枝顶端；花枝近顶端常具2～3片叶或更多；花梗长7～10mm，几无毛；花长4～6mm；花瓣白色。果球形，直径6～8mm，鲜红色，具腺点。

来源与生境： 栽培或野生。生于疏、密林下阴湿的灌木丛中。

观赏特性与用途： 株形优美，秋末红果成串，艳丽夺目，可一直保持到翌年春天，耐阴，适于盆栽观果，也可在荫蔽林下点缀观赏。

花果期： 花期5～6月，果期10～12月。

观赏价值： ★ ★ ★ ★

拟赤杨（赤杨叶） *Alniphyllum fortunei*

科属： 安息香科赤杨叶属。

特征： 落叶乔木。嫩枝被褐色短柔毛。叶椭圆形或倒卵状椭圆形，长8～20cm，宽4～11cm，先端渐尖或急尖，边缘有稀疏硬质锯齿，嫩叶两面被星状毛；叶柄被毛。总状花序或圆锥花序，长8～15cm，花10～20朵，白色或粉红色；花序梗、花梗及花萼均被短柔毛；雄蕊10枚，花丝下部合生成管，管长8mm。蒴果径6～10mm；种子两端有翅。

来源与生境： 野生。生于常绿阔叶林中。

观赏特性与用途： 树形秀丽，枝叶扶疏，繁花洁白，可栽作园景树或庭荫树。生长快，耐干旱贫瘠。

花果期： 花期3～4月，果期10～11月。

观赏价值： ★ ★ ★

白背枫（白花醉鱼草、驳骨丹） *Buddleja asiatica*

科属：马钱科醉鱼草属。

特征：半常绿直立灌木。小枝四棱形，具窄翅；幼枝、叶背、叶柄及花序密被绒毛。单叶对生，纸质，披针形，长6～30cm，宽1～7cm，先端长渐尖，基部楔形，有时下延至叶柄基部；叶柄长2～15mm。花多朵组成圆锥状、穗状、总状或头状的聚伞花序，顶生或枝上部腋生，花序长而下垂，花芳香，几无梗；花冠白色，高脚杯状或钟状。蒴果椭圆形，长3～5mm。

来源与生境：野生。生于灌木丛中、山坡、河岸、沙地等。

观赏特性与用途：株形婆娑灰白，花朵洁白芳香，可孤植、丛植，也可布置成花境。

花果期：花期2～10月，果期3～12月。

观赏价值：★★

醉鱼草 *Buddleja lindleyana*

科属：马钱科醉鱼草属。

特征：半常绿直立灌木。小枝四棱形，棱上略具窄翅；幼枝、叶背、叶柄、花序及大小苞片均密被星状短绒毛和腺毛。叶对生，膜质，卵形或椭圆状卵形，长3～11cm，宽2～5cm，先端渐尖，全缘或具波状齿；叶柄长2～5mm。穗状聚伞花序顶生，长4～40cm，宽2～4cm；花紫色，芳香；花冠短高脚杯状，长13～20mm。蒴果长圆形。

来源与生境：野生。生于山地向阳山坡、路旁、河边灌草丛中和林缘。

观赏特性与用途：花芳香而美丽，可孤植或丛植于路边、草坪、墙角或山石旁边，也可布置成花境。

花果期：花期4～10月，果期8月至次年4月。

观赏价值：★★★

灰莉（非洲茉莉） *Fagraea ceilanica*

科属： 马钱科灰莉属。

特征： 常绿乔木或灌木。小枝灰白色，粗壮，圆柱形，具叶痕；全株无毛。叶稍肉质，对生，全缘，椭圆形或长圆形，长5～25cm，宽2～10cm；叶柄长1～3cm。二歧聚伞花序，芳香，顶生，有花数朵；花冠白色，漏斗状，冠管长3～3.5cm；雄蕊内藏。浆果卵状，直径达4cm，成熟时黄色。

来源： 栽培。原产我国。

观赏特性与用途： 株形紧密，叶色浓绿有光泽，花朵硕大，洁白美丽，芳香，耐修剪，是优良的庭园、室内观叶植物。

花果期： 花期5月，果期7月至次年3月。

观赏价值： ★ ★ ★ ★ ★

钩吻（断肠草） *Gelsemium elegans*

科属： 马钱科钩吻属。

特征： 常绿木质藤本。除苞片边缘和花梗幼时被毛外，全株均无毛。叶膜质，对生，卵形至卵状披针形，长5～12cm，宽2～6cm，顶端渐尖；叶柄长6～12mm。花密集，组成聚伞花序，每分枝基部有苞片2枚；花梗纤细，长3～8mm；花萼5裂；花冠黄色，漏斗状，花冠管长7～10mm，裂片5枚，长5～9mm；雄蕊5枚。蒴果，长10～15mm。

来源与生境： 野生或栽培。生于疏林或灌木丛中。

观赏特性与用途： 叶子亮绿，花色金黄，可供观赏，但全株有剧毒。

花果期： 花期9～11月，果期7月至次年3月。

观赏价值： ★ ★

茉莉花

Jasminum sambac

科属： 木犀科素馨属。

特征： 常绿直立或攀缘灌木。小枝、叶柄、花序梗被柔毛。单叶，对生，纸质，圆形至椭圆形或倒卵形，长4～12.5cm，宽3～7.5cm，两端圆或钝，叶仅背面脉腋具簇毛；侧脉4～6对，在叶面凹下；叶柄长2～6mm，具关节。聚伞花序有花1～6朵，花香浓郁；花萼裂片8～9枚，条形，长5～11mm；花冠白色，花冠管长7～15mm，裂片8～15枚。

来源： 栽培。原产于印度，已广泛栽培。

观赏特性与用途： 叶翠绿，花洁白，极芳香，是优良盆栽和地栽观赏灌木。花香浓郁，用以制茶，也是珍贵的香精原料。

花果期： 花期5～8月。通常不结果。

观赏价值： ★ ★ ★ ★

日本女贞

Ligustrum japonicum

科属： 木犀科女贞属。

特征： 常绿灌木。叶革质，椭圆形或宽卵状椭圆形，长5～10cm，宽2.5～5cm，先端锐尖或渐尖，叶两面无毛；中脉在叶面凹下；叶柄长0.5～1.3cm。圆锥花序塔形，无毛，花序长与宽5～17cm；花冠白色，长5～6mm。

来源： 栽培。

观赏特性与用途： 株形秀美，枝叶浓密，耐修剪，适应性强，常栽作绿篱。常见栽培为花叶品种。

花果期： 花期6月，果期11月。

观赏价值： ★ ★ ★ ★ ★

小蜡 — *Ligustrum sinense*

科属: 木犀科女贞属。

特征: 落叶小乔木或灌木状。小枝被黄色柔毛，后脱落。叶纸质或薄革质，卵形、卵状椭圆形或椭圆状披针形，长2～7cm，宽1～3cm，两面被毛；侧脉4～7对；叶柄长2～8cm，被短柔毛。圆锥花序，长4～11cm，花序轴和花梗密被黄色柔毛；花冠白色。果圆球形，直径5～8mm。

来源与生境: 栽培，有野生。生于山谷、山沟。

观赏特性与用途: 枝叶稠密，耐修剪，易造型，宜作绿篱栽培；花芳香浓郁，易吸引蜂蝶，可栽培供观赏。常见栽培品种有'银姬'小蜡（*Ligustrum sinense* 'Variegatum'），叶片有白斑。

花果期: 花期2～5月，果期6～12月。

观赏价值: ★★★★★

桂花（木犀） *Osmanthus fragrans*

科属： 木犀科木犀属。

特征： 常绿乔木或灌木状。叶厚革质，椭圆形、长椭圆形或椭圆状披针形，长7～15cm，宽3～5cm，先端渐尖或短尖，基部宽楔形至钝，全缘或上部具细齿，两面无毛；侧脉6～10对；叶柄长0.8～1.5cm，无毛。花极香，簇生于叶腋，每腋内有花多朵；花冠黄白、淡黄色、黄色或橙红色。核果椭圆形，长0.6～1.8cm，紫黑色。

来源： 栽培。原产我国。

观赏特性与用途： 树形优美，树冠圆浑，枝繁叶茂，四季常青，花朵繁丰，芳香宜人，是中国传统十大名花之一，可栽作园景树、行道树或庭荫树。常见栽培品种有'丹桂''金桂''银桂''四季桂'。

花果期： 花期9～10月，果期次年3月。

观赏价值： ★★★★

软枝黄蝉 *Allamanda cathartica*

科属: 夹竹桃科黄蝉属。

特征: 常绿藤状灌木。枝条软,弯垂;植株有乳状汁液。叶3~4枚轮生或有时对生,长圆形或卵状长圆形,长6~12cm,宽2~4cm,除叶背脉上被微毛外,余均无毛;侧脉6~12对。花冠黄色,漏斗状,长7~11cm,张开直径9~11cm,花冠筒喉部有白色斑点。蒴果球形,直径3cm,具长刺。

来源: 栽培。原产于巴西。

观赏特性与用途: 株形秀美,花色橙黄,大而美丽,可孤植或片植成观花地被。全株有毒。

花果期: 花期春、夏两季,果期冬季。

观赏价值: ★★★★★

黄蝉 *Allamanda schottii*

科属: 夹竹桃科黄蝉属。

特征: 常绿直立灌木。有乳状汁液。叶3~5枚轮生,椭圆形或倒卵状长圆形,长5~12cm,宽1.5~4cm,叶背脉被短柔毛;侧脉7~12对。花序顶生;总花梗和花梗被粃糠状短柔毛;花冠橙黄色,漏斗状,长4~6cm,张开直径约4cm,冠筒基部膨大,长不超过2cm,喉部被毛。蒴果球形,直径约3cm,具长刺。

来源: 栽培。原产于巴西。

观赏特性与用途: 株形优美,花色橙黄,是优良的观花灌木,可孤植观赏或片植成观花地被。全株有毒。

花果期: 花期5~8月,果期10~12月。

观赏价值: ★★★★★

糖胶树（盆架树）

Alstonia scholaris

科属：夹竹桃科鸡骨常山属。

特征：常绿乔木。有丰富乳状汁液；枝轮生。叶3～8枚轮生，倒卵状长圆形，长7～28cm，宽2～11cm，无毛，灰绿色，顶端圆、钝或微凹；侧脉25～50对，密生而平行。花白色，多朵组成稠密的聚伞花序，顶生，被柔毛；花冠高脚碟状，冠筒内面被柔毛；雄蕊着生于冠筒中部以上；子房由2枚离生心皮组成。蓇葖果线形，细长，长20～57cm，直径2～5mm。

来源：栽培。原产我国。

观赏特性与用途：树形美观，分层性强，叶色翠绿，可栽作园景树或行道树。

花果期：花期6～11月，果期10月至次年4月。

观赏价值：★★★★

长春花　　　　　　*Catharanthus roseus*

科属： 夹竹桃科长春花属。

特征： 常绿亚灌木。有水液，全株无毛或仅有微毛。叶膜质，倒卵状长圆形，长3～4cm，宽1.5～2.5cm，先端浑圆，有短尖头。聚伞花序，有花2～3朵；子房和花盘与属的特征相同。蓇葖双生，直立，平行或略叉开，长约2.5cm，直径3mm；外果皮厚纸质，有条纹，被柔毛；种子黑色，长圆状圆筒形，两端截形，具有颗粒状小瘤。

来源： 栽培。原产非洲东部。

观赏特性与用途： 株形秀巧，花色艳丽，适用于盆栽、花坛和点缀石景观赏，也可片植作观花地被。

花果期： 花期、果期几乎全年。

观赏价值： ★ ★ ★ ★ ★

飘香藤　　　　　　*Mandevilla laxa*

科属： 夹竹桃科飘香藤属。

特征： 常绿藤本灌木。全株有白色乳汁。叶对生或3～4叶轮生，全缘，长卵圆形，长15～20cm，宽5～10cm。花腋生，花冠漏斗形，长10～15cm，径约10cm，漏斗状，花冠5裂，花色为红色、桃红色、橙红色、粉红色等。

来源： 栽培。原产美洲热带地区。

观赏特性与用途： 藤蔓纤细，花大色艳，可盆栽，或作棚架、栅栏等攀缘植物材料。

花果期： 花期主要为夏、秋两季。

观赏价值： ★ ★ ★ ★ ★

夹竹桃 | *Nerium oleander*

科属: 夹竹桃科夹竹桃属。

特征: 常绿灌木。枝条灰绿色,含水液,无毛。叶3~4枚轮生,下部为对生,窄披针形,长11~15cm,宽2~2.5cm,叶缘反卷;侧脉密生而平行。聚伞花序顶生,着花数朵;花萼裂片直立,披针形,内面基部具腺体;花冠深红色或白色,有香气,花冠筒内面被长柔毛,冠筒喉部的副花冠呈鳞片状,顶端多次撕裂,裂片线形。

来源: 栽培。原产于伊朗、印度、尼泊尔。

观赏特性与用途: 株形美观,枝繁叶茂,花大色艳,极耐干旱瘠薄,常作庭园和公路绿化。栽培品种有'斑叶'夹竹桃(*Nerium oleander* 'Variegatum')。

花果期: 花期几乎全年,但夏、秋季较多;稀结实。

观赏价值: ★ ★ ★ ★ ★

红鸡蛋花

Plumeria rubra

科属: 夹竹桃科鸡蛋花属。

特征: 落叶小乔木。枝条粗壮,带肉质,无毛,具丰富乳汁。叶厚纸质,长圆状倒披针形,顶端急尖,基部狭楔形,长14～30cm,宽6～8cm;中脉凹陷,侧脉每边30～40条;叶柄长4～7cm。聚伞花序顶生,总花梗三歧;花冠深红色,花冠裂片比花冠筒长,长3.5～4.5cm,宽1.5～1.8cm;心皮2,离生。蓇葖双生,长约20cm。

来源: 栽培。原产于南美洲。

观赏特性与用途: 树形奇特,枝条光滑,肥厚,叶色翠绿,花大色红,可用于公园、庭院、绿化带、草坪等的绿化、美化。

花果期: 花期3～9月,果期栽培极少结果。

观赏价值: ★★★★★

鸡蛋花

Plumeria rubra 'Acutifolia'

科属: 夹竹桃科鸡蛋花属。

特征: 花冠外面白色,花冠筒外面及裂片外面左边略带淡红色斑纹,花冠内面黄色,直径4～5cm。其他特征与红鸡蛋花极相似。

来源: 栽培。原产于南美洲。

观赏特性与用途: 树形奇特,枝条光滑肥厚,叶色翠绿,花朵雅致,因花色排列似鸡蛋内部而得名。可栽作园景树,亦可盆栽观赏。

花果期: 花期3～9月,栽培品种极少结果。

观赏价值: ★★★★★

狗牙花　*Tabernaemontana divaricata*

科属： 夹竹桃科狗牙花属。

特征： 常绿灌木。除萼片有缘毛外，全株无毛。叶坚纸质，椭圆形或长椭圆形，长5.5～11.5cm，宽1.5～3.5cm。聚伞花序腋生，着花6～10朵，花大，直径4～5cm；花萼裂片内面基部有腺体；花冠白色，花冠筒长达2cm，喉部有5枚腺体；花药顶端伸达花冠筒中部。蓇葖果长圆形，叉开或外弯，长2.5～7cm。

来源： 栽培。原产云南。

观赏特性与用途： 株形秀丽，枝叶茂密，花白素丽，花期长，适宜作花篱、花境或盆栽观赏。

花果期： 花期6～11月，果期秋季。

观赏价值： ★★★★★

黄花夹竹桃　*Thevetia peruviana*

科属： 夹竹桃科黄花夹竹桃属。

特征： 常绿乔木。全株无毛；枝条柔弱，下垂。叶互生，近革质，无柄，线状披针形或线形，长10～15cm，宽5～12mm，两端长尖，有光泽，全缘。聚伞花序顶生；花冠黄色，漏斗状，花冠筒喉部具5枚被毛的鳞片，裂片长于冠筒；雄蕊着生花冠筒喉部。核果扁三角球形，直径2.5～4cm。

来源： 栽培。原产美洲热带地区。

观赏特性与用途： 株形圆整，枝叶美观，花色鲜黄雅致，花期长，为优良观花灌木，可栽作园景树。

花果期： 花期5～12月，果期8月至次年春。

观赏价值： ★★★★★

络石（络石藤）　　　　*Trachelospermum jasminoides*

科属：夹竹桃科络石属。

特征：常绿木质藤本。具乳汁。小枝、叶背和嫩叶柄被短柔毛，老时无毛。叶革质或近革质，椭圆形至卵状椭圆形，长2～10cm，宽1～4.5cm。聚伞花序；花萼裂片线状披针形，顶端反卷，外面被长柔毛或缘毛；花冠白色，芳香，冠筒中部膨大；花药内藏。蓇葖果双生，叉开，长10～20cm，直径3～10mm。

来源与生境：野生。生于沟谷或路旁杂木林中，攀缘于树上或岩石上。栽培品种有'变色'络石（*Trachelospermum jasminoides* 'Variegatum'）。

观赏特性与用途：藤蔓秀丽，叶经冬不落，花白色，气芳香，可用来点缀山石、岩壁及挡土墙。

花果期：花期3～5月，果期7～12月。

观赏价值：★★

马利筋

Asclepias curassavica

科属： 萝藦科马利筋属。

特征： 多年生直立草本。全株有白色乳汁。叶膜质，披针形或椭圆状披针形，长6～14cm，宽1～4cm，叶柄长5～10mm。聚伞花序着花10～20朵；花冠紫红色，花冠裂片长圆形，长5mm，宽3mm，反折；副花冠裂片黄色，凹兜状，有柄，内有舌状片。蓇葖果披针形，长6～10cm，直径1～1.5cm。

来源： 野生，有栽培。原产拉丁美洲，现常见逸为野生。

观赏特性与用途： 株形秀丽，叶色翠绿，花色雅丽，可用于花坛、花境地被栽培或盆栽观赏。

花果期： 花期几乎全年，果期8～12月。

观赏价值： ★★★★

栀子（黄栀子）

Gardenia jasminoides

科属： 茜草科栀子属。

特征： 常绿灌木。嫩枝被短毛。叶对生，稀3叶轮生，革质，长圆状披针形、倒卵状长圆形、倒卵形或椭圆形，长3～25cm，宽1.5～8cm，两面无毛，叶面亮绿；花芳香，单生枝顶；萼顶5～8裂；花冠白色或乳黄色，高脚碟状，长3～5cm，顶部5～8裂。果黄色或橙红色，长1.5～7cm，直径1.2～2cm，具翅状纵棱5～9条，顶部具宿存萼片。

来源与生境： 栽培或野生。生于山坡、灌丛或林中。

观赏特性与用途： 株形美观，叶色墨绿，花朵硕大，花色洁白芳香，广泛栽培于庭园或盆景观赏。

花果期： 花期5～8月，果期5月至次年2月。

观赏价值： ★★★★

长隔木（希茉莉）

Hamelia patens

科属： 茜草科长隔木属。

特征： 半常绿灌木。嫩部均被灰色短柔毛。叶常3枚轮生，椭圆状卵形至长圆形，长7～20cm，顶端短尖或渐尖。聚伞花序有3～5个放射状分枝；花无梗；萼裂片短；花冠橙红色，冠管狭圆筒状，长1.8～2cm；雄蕊稍伸出。浆果卵圆状，直径6～7mm，暗红色或紫色。

来源： 栽培。原产巴拉圭等拉丁美洲各国。

观赏特性与用途： 株形婆娑，花色艳丽，花期长，是优良的观花灌木，适合路边、池边、坡地绿化观赏。

观赏价值： ★★★★★

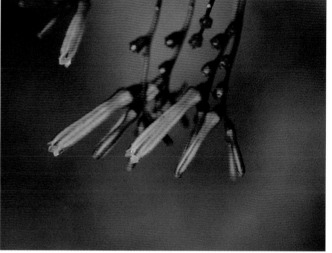

龙船花

Ixora chinensis

科属： 茜草科龙船花属。

特征： 常绿灌木。叶对生，稀4枚轮生，披针形、长圆状披针形至长圆状倒披针形，长6～13cm，宽3～4cm；叶柄极短或无；托叶合生成鞘状。花序顶生，多花；总花梗长5～15mm；苞片和小苞片微小；花冠红色或黄色，盛开时长2.5～3cm，顶部4裂，扩展或外反；花丝极短。果近球形，双生，成熟时红黑色。

来源： 栽培。广西有野生。

观赏特性与用途： 株形秀美，花朵紧密。花色鲜红而艳丽，花期长，可盆栽，孤植观赏，亦可片植作地被或花篱。

花果期： 花期5～7月。

观赏价值： ★★★★★

玉叶金花 · *Mussaenda pubescens*

科属： 茜草科玉叶金花属。

特征： 半常绿攀缘灌木。嫩枝、叶背、叶柄、浆果被柔毛。叶对生或轮生，膜质或薄纸质，卵状长圆形或卵状披针形，长5～8cm，宽2～2.5cm；叶柄长3～8mm；托叶三角形，深2裂，裂片钻形。聚伞花序顶生，密花；花梗极短或无梗；花叶阔椭圆形，长2.5～5cm，宽2～3.5cm；花冠黄色，花冠裂片长约4mm。浆果近球形，长8～10mm，直径6～7.5mm，

来源与生境： 野生。生于山地灌丛、溪谷、山坡或村旁。

观赏特性与用途： 藤蔓秀丽，花冠金黄，花叶洁白，观赏价值较高，可作棚架、栅栏等垂直绿化。茎叶供药用或晒干后代茶饮用，有清热解毒功效。

花果期： 花期5～8月。

观赏价值： ★★★

粉叶金花（粉纸扇） · *Mussaenda* 'Alicia'

科属： 茜草科玉叶金花属。

特征： 常绿灌木。树冠广圆形、多分枝。叶对生，卵状披针形，长10～15cm，宽5～8cm，纸质，全缘，先端渐尖，基部楔形；幼枝、幼叶密被短柔毛。聚伞花序顶生，每一花序中有扩大的粉红色叶状苞片，花冠漏斗状，常被毛。浆果肉质。

来源： 栽培。玉叶金花属的杂交种。

观赏特性与用途： 株形美观，花色艳丽，可孤植或丛植以观花。

花果期： 花期5～11月。

观赏价值： ★★★★★

团花（黄梁木）

Neolamarckia cadamba

科属： 茜草科团花属。

特征： 落叶大乔木。树干通直；枝平展。叶对生，薄革质，椭圆形或长圆状椭圆形，长15～25cm，宽7～12cm，叶面有光泽，叶柄长2～3cm，粗壮。头状花序单个顶生，不计花冠直径4～5cm，花冠黄白色，漏斗状，花冠裂片披针形，长约2.5mm。果序直径3～4cm，成熟时黄绿色。

来源： 栽培。原产我国。

观赏特性与用途： 树形高耸，枝叶扶疏，可栽作行道树或园景树。

喜光，喜湿润肥沃地。世界著名速生树种，树形高大通直，可用于公园绿化。

花果期： 花、果期6～11月。

观赏价值： ★★

五星花

Pentas lanceolata

科属： 茜草科五星花属。

特征： 常绿直立亚灌木。高30～70cm；被毛。叶卵形、椭圆形或披针状长圆形，长3～15cm，宽1～5cm，顶端短尖，基部渐狭成短柄。聚伞花序密集，顶生；花无梗，花柱异长，长约2.5cm；花冠玫红、淡紫、粉红、白色，喉部被密毛，冠檐开展，直径约1.2cm。

来源： 栽培。原产非洲热带和阿拉伯地区。

观赏特性与用途： 植株秀美，花朵繁富，花形星状，花色绚丽，花期长，可栽作花境或花丛。

花果期： 花期夏秋。

观赏价值： ★★★★

银叶郎德木（白背郎德木）

Rondeletia leucophylla

科属： 茜草科郎德木属。

特征： 常绿灌木。叶片细长，披针形，叶对生；托叶在叶柄间。花粉红色，较小，小花聚集生，花序为聚伞花序，近球形；花冠漏斗状或高脚碟状。

来源： 栽培。原产中美洲。

观赏特性与用途： 株形蓬散，花色粉红，可栽作花丛、花篱或花境。花具绿茶的香味，是良好的蜜源植物。

观赏价值： ★★★★★

白马骨（满天星）

Serissa serissoides

科属： 茜草科白马骨属。

特征： 常绿灌木。叶革质，卵形至倒披针形，长6～22mm，宽3～6mm，顶端短尖至长尖，全缘，无毛；叶柄短。花单生或数朵丛生于小枝顶部或腋生，具边缘浅波状的苞片；花冠淡红色或白色，长6～12mm，裂片扩展，顶端4裂；雄蕊突出冠管喉部外；柱头2裂。

来源： 栽培。广西有野生。

观赏特性与用途： 株形秀雅，枝叶细密，花朵密且洁白，耐修剪，以盆栽观赏或片植为地被。

花果期： 花期5～7月。

观赏价值： ★★★★

大叶钩藤　　　　　　　　　　　　　*Uncaria macrophylla*

科属：茜草科钩藤属。

特征：常绿木质大藤本。嫩枝疏被硬毛。叶对生，近革质，卵形或阔椭圆形，长10～16cm，宽6～12cm，顶端渐尖，基部圆或心形，叶背被黄褐色硬毛；叶柄长3～10mm；托叶卵形，深2裂，裂片狭卵形。头状花序单生叶腋，总花梗具一节，总花序梗长3～7cm；头状花序不计花冠直径15～20mm。

来源与生境：野生。生于次生林中，常攀缘于林冠之上。

观赏特性与用途：藤蔓美观，叶色翠绿，花序球状奇特，可栽培作花棚、花架。

花果期：花期夏季。

观赏价值：★★

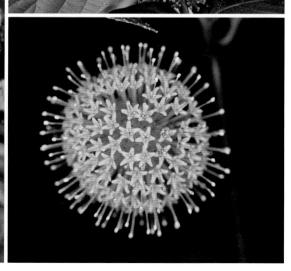

水锦树

Wendlandia uvariifolia

科属：茜草科水锦树属。

特征：半常绿灌木或乔木。小枝、叶柄、托叶及花序被锈色硬毛。叶纸质，宽椭圆形、卵形或长圆状披针形，长7～26cm，宽4～14cm，叶面散被短硬毛，叶背密被灰褐色柔毛；叶柄长0.5～3.5cm；托叶宿存，上部扩大呈圆形，反折。圆锥状聚伞花序顶生，分枝广展，多花；花小，无花梗；花冠漏斗状，白色，长3.5～4mm，裂片长约1mm，开放时外反。蒴果小，球形，直径1～2mm。

来源与生境：野生。生于山地林中、林缘、灌丛中或溪边。

观赏特性与用途：树形通直，树冠圆整，花繁茂，可栽作园景树或绿篱。

花果期：花期2～4月，果期4～10月。

观赏价值：★★

大花六道木

Abelia × grandiflora

科属：忍冬科六道木属。

特征：常绿灌木。小枝有柔毛，红褐色。叶对生或3～4枚轮生，卵形至卵状披针形，长约4.5cm，叶缘有疏锯齿或近全缘；叶片绿色，有光泽，入冬转为红色或橙色。圆锥聚伞花序，花白色，粉红色，萼片宿存至冬季。

来源：栽培。

观赏特性与用途：株形秀美，枝叶下垂，花美丽，可栽作花灌木、花篱或花丛。

花果期：花期6～10月，果期9～11月。

观赏价值：★★★★★

忍冬（金银花）

Lonicera japonica

科属： 忍冬科忍冬属。

特征： 半常绿木质藤本。幼枝橘红褐色，密被黄褐色、开展的硬直糙毛、腺毛和短柔毛，下部常无毛。叶纸质，长3～5（～9.5）cm，顶端尖或渐尖，全缘，有糙缘毛，叶常两面均被短糙毛；叶柄长4～8mm。总花梗常单生于小枝上部叶腋；苞片大，叶状，萼筒长约2mm，花冠白色，后变黄色，唇形。果实圆形，直径6～7mm，熟时蓝黑色。

来源与生境： 栽培，有野生。生于山坡灌丛或疏林中、路旁。

观赏特性与用途： 藤蔓秀美，花形花色奇特，匍匐与攀缘能力强，可栽培作地被、花墙、花廊、花架、花柱或覆盖山石。全株入药，也可作凉茶。

花果期： 花期4～6月（秋季亦常开花），果熟期10～11月。

观赏价值： ★★★★

接骨草

Sambucus javanica

科属： 忍冬科接骨草属。

特征： 多年生高大草本或半灌木。茎有棱条；羽状复叶，小叶2～3对，狭卵形，长6～13cm，宽2～3cm，先端长渐尖，基部钝圆，两侧不等，边缘具细锯齿，无托叶。复伞形花序顶生，大而疏散，总花梗基部托以叶状总苞片，纤细，可孕性花小；花冠白色。果实红色，近圆形，直径3～4mm。

来源与生境： 野生。生于山坡、林下、沟边和草丛中。

观赏特性与用途： 树形优美，羽叶扶疏，花序奇特，花色洁白，果实红艳，可栽作地被。

花果期： 花期4～5月，果期8～9月。

观赏价值： ★★★

南方荚蒾   *Viburnum fordiae*

科属： 忍冬科荚蒾属。
特征： 落叶灌木或小乔木。幼枝、芽、叶柄、花序均密被黄褐色星状绒毛。叶纸质至厚纸质，卵形，长4~9cm，边缘常有小尖齿，上面初时有叉状毛或星状毛，下面毛较密，侧脉5~7对，直达齿端；叶柄0.5~1.5cm，无托叶。聚伞花序复伞形，径3~8cm；花冠辐状，白色。核果卵圆形，红色。
来源与生境： 野生。生于疏林、灌丛。
观赏特性与用途： 株形婆娑，叶形美观，花色洁白，果实鲜红有光泽，可观花、观果，宜栽作花丛或自然式花篱。
花果期： 花期4~5月，果期10~12月。
观赏价值： ★★★

珊瑚树   *Viburnum odoratissimum*

科属： 忍冬科荚蒾属。
特征： 常绿乔木。小枝无毛或稍有星状毛，有小瘤状皮孔。叶革质，椭圆形至矩圆形或倒卵形，长7~20cm，边缘中部以上有锯齿或近全缘，两面无毛或脉上散生微毛，下面有时散生腺点，侧脉5~8对，近叶缘网结。圆锥花序宽尖塔形；花冠辐状，白色，后变黄白色，筒长约2mm，裂片长于冠筒。核果长约8mm，先红色后变黑色。
来源： 栽培。原产我国。
观赏特性与用途： 株形秀丽，叶片翠绿，花朵繁富，果实累累，可栽作绿篱或园景树。对有毒气体具有较强的抗性和吸收能力。
花果期： 花期4~5月，果期9~10月。
观赏价值： ★★★★

金钮扣 · *Acmella paniculata*

科属: 菊科金钮扣属。

特征: 一年生草本。茎直立或斜升, 多分枝, 带紫红色。叶卵形, 宽卵圆形或椭圆形, 长3~5cm, 宽0.6~2 (2.5) cm, 全缘, 波状或具钝锯齿, 两面无毛或近无毛。头状花序单生, 或圆锥状排列, 卵圆形, 径7~8mm, 有或无舌状花; 总苞片约8枚, 2层; 花黄色, 雌花舌状; 两性花花冠管状。瘦果长圆形, 长1.5~2mm。

来源: 野生。生于田边、沟边、溪旁潮湿地、荒地、路旁及林缘。

观赏特性与用途: 植株低矮, 花色金黄, 可栽作地被。

花果期: 花果期4~11月。

观赏价值: ★★

白苞蒿 (鸭脚艾) · *Artemisia lactiflora*

科属: 菊科蒿属。

特征: 多年生草本。茎常单生, 直立, 上半部具开展、纤细、着生头状花序的分枝。叶薄纸质或纸质; 基生叶、茎下部叶及中部叶二回或一至二回羽状全裂, 具长叶柄。头状花序长圆形, 直径1.5~2.5 (~3) mm, 无梗, 在分枝的小枝上数枚或10余枚排成密穗状花序; 总苞片3~4层; 雌花3~6朵。

来源与生境: 野生, 有栽培。生于林下、林缘、山谷等湿润地区。

观赏特性与用途: 花色洁白, 可用于点缀园林景观或花境。嫩叶可作野菜食用。

花果期: 花果期8~11月。

观赏价值: ★★★

马兰 Aster indicus

科属： 菊科紫菀属。

特征： 多年生草本。茎直立，上部有短毛。基部叶在花期枯萎；茎部叶倒披针形或倒卵状矩圆形，长3～6（10）cm，宽0.8～2（5）cm，基部渐狭成具翅的长柄，边缘从中部以上有齿或有羽状裂片，上部叶小。头状花序单生枝端；总苞片2～3层；舌状花1层，15～20个，舌片蓝紫色，长达10mm。瘦果极扁，长1.5～2mm；冠毛长0.1～0.8mm。

来源与生境： 野生。生于林缘、草丛、溪岸、路旁。

观赏特性与用途： 植株秀巧，花繁丰，蓝紫色，可栽作花境。

花果期： 花期主要在5～9月，果期8～10月。

观赏价值： ★★★

野菊 Chrysanthemum indicum

科属： 菊科菊属。

特征： 多年生草本。茎枝被稀疏毛。中部茎叶卵形、长卵形或椭圆状卵形，长3～7（10）cm，宽2～4（7）cm，羽状半裂、浅裂或分裂不明显而边缘有浅锯齿；叶柄长1～2cm。头状花序直径1.5～2.5cm；总苞片约5层，长11mm；全部苞片边缘白色或褐色宽膜质；舌状花黄色，舌片长10～13mm，顶端全缘或2～3齿。瘦果长1.5～1.8mm。

来源与生境： 野生。生于山坡草地、灌丛、河边水湿地、田边及路旁。

观赏特性与用途： 株形美观，花色金黄，花期长，可栽作花境或地被。

花果期： 花期6～11月。

观赏价值： ★★

菊花

Chrysanthemum morifolium

科属： 菊科菊属。

特征： 多年生草本，株高60～150cm。茎直立，分枝或不分枝，被柔毛。叶卵形至披针形，长5～15cm，羽状浅裂或半裂，有短柄，叶下面被白色短柔毛。头状花序直径2.5～20cm，大小不一；总苞片多层，外层外面被柔毛；舌状花颜色各种；管状花黄色。

来源： 栽培。原产我国及日本。

观赏特性与用途： 株形秀美，花朵繁富，花型花色丰富多样，可盆栽观赏或片植为观花地被，或用于布置花篮、花坛，或片植作观花地被，也可用作切花。中国十大传统名花之一，也是世界四大切花之一。

观赏价值： ★ ★ ★ ★ ★

芙蓉菊

Crossostephium chinense

科属： 菊科芙蓉菊属。

特征： 常绿半灌木。株高10～40cm，上部多分枝，枝叶密被灰色短柔毛。叶聚生枝顶，狭匙形或狭倒披针形，长2～4cm，宽5～4mm，全缘或有时3～5裂，质地厚。头状花序盘状，直径约7mm，生于枝端叶腋，排成有叶的总状花序；总苞片3层；边花雌性，1列，花冠管状；盘花两性，花冠管状，长1.5mm。

来源： 栽培。

观赏特性与用途： 株形紧凑，叶片因被毛而银白似雪，可作为观叶盆栽或地栽。

花果期： 花果期全年。

观赏价值： ★ ★ ★ ★

大吴风草   *Farfugium japonicum*

科属： 菊科大吴风草属。

特征： 多年生莲状草本。花莛高达70cm。叶全部基生，莲座状，有长柄，柄长15～25cm，基部扩大抱茎；叶片肾形，长9～13cm，宽11～22cm，先端圆形；茎生叶1～3片，苞叶状，长1～2cm。头状花序辐射状，2～7，排列成伞房状花序；总苞长12～15mm，总苞片2层；舌状花8～12，黄色，长15～22mm。

来源： 栽培。我国有野生。

观赏特性与用途： 株形坚挺，叶片亮绿，形似马蹄，长力旺盛，覆盖力强，一年四季皆可观赏。

花果期： 花果期8月至次年3月。

观赏价值： ★★★★

芳香万寿菊   *Tagetes lemmonii*

科属： 菊科万寿菊属。

特征： 一年生草本。茎直立，株高可达1m。单叶对生，羽状全裂，裂片披针形，具锯齿，具油腺点。头状花序着生枝顶，直径6～8cm；舌状花1层，黄色，先端齿裂；管状花多数，黄色。

来源： 栽培。原产北美洲。喜光，耐旱。

观赏特性与用途： 全株含有浓郁芳香味，花色黄艳，花量大，可盆栽或地栽地被。

花果期： 花期秋冬季。

观赏价值： ★★★★

千里光 — *Senecio scandens*

科属： 菊科千里光属。

特征： 多年生攀缘草本；多分枝。叶具柄，叶片卵状披针形至长三角形，长2.5～12cm，宽2～4.5cm，常具齿，有时具细裂或羽状浅裂；羽状脉，侧脉7～9对；上部叶变小。头状花序有舌状花，多数，在茎枝端排列成顶生复聚伞圆锥花序；总苞长5～8mm，总苞片12～13枚；舌状花8～10朵，黄色；管状花多数，花冠黄色。瘦果长3mm；冠毛白色。

来源与生境： 野生。生于森林、灌丛中，攀缘于灌木、岩石上或溪边。

观赏特性与用途： 藤蔓纤细，花繁富，花色金黄，花期长，可栽作栅栏绿化美化之用。

花果期： 花期9月至次年3月。

观赏价值： ★★★

南美蟛蜞菊（三裂蟛蜞菊）— *Sphagneticola trilobata*

科属： 菊科蟛蜞菊属。

特征： 多年生草本。茎匍匐。叶对生、具齿，椭圆形、长圆形或线形，长4～9cm，宽2～5cm，呈三浅裂，叶面有光泽，两面被贴生的短粗毛，几近无柄。头状花序宽2cm，连柄长达4cm，花黄色，小花多数；假舌状花呈放射状排列于花序四周。瘦果长约4mm。

来源： 栽培，有逸为野生。原产南美洲。

观赏特性与用途： 植株匍匐性强，叶色青翠，花色鲜黄，迅速繁殖，能够快速覆盖地表，适当修剪保持可作地被绿化。入侵性较强，应限制使用，在自然保护地严禁使用。

花果期： 花期极长，终年可见花，以夏季至秋季盛开为主。

观赏价值： ★★★★

蓝花丹   *Plumbago auriculata*

科属：白花丹科白花丹属。

特征：常绿柔弱半灌木。除花序外无毛。叶薄，常菱状卵形至狭长卵形，长（1）3～6（7）cm，宽（0.5）1.5～2（2.5）cm，基部向下渐狭成柄。穗状花序约含18～30朵花；穗轴与总花梗密被短绒毛；萼筒直径1～1.2mm，着生具柄的腺；花冠淡蓝色至蓝白色，花冠筒长3.2～3.4cm，中部直径0.5～1mm，冠檐宽阔，直径通常2.5～3.2cm

来源：栽培。原产南非，已广泛栽培作观赏植物。

观赏特性与用途：株形婆娑，花序绣球状，花色淡蓝，宜栽作花境、花坛或盆栽观赏。

花果期：花期6～9月和12月至次年4月。

观赏价值：★★★★★

福建茶（基及树）   *Carmona microphylla*

科属：紫草科基及树属。

特征：常绿灌木。多分枝；枝条细弱。叶革质，倒卵形或匙形，长1.5～3.5cm，宽1～2cm，先端圆形或截形，具粗圆齿，基部渐狭为短柄，叶面有短硬毛或斑点，叶背近无毛。团伞花序开展；花梗极短；花冠钟状，白色或稍带红色，长4～6mm。核果直径3～4mm。

来源：栽培。广西有野生。

观赏特性与用途：株形秀美，枝叶细密，叶色墨绿，花朵洁白，耐修剪，可栽培作绿篱、植物雕像、模纹花坛或制成桩景。

花果期：花果期11月至次年4月。

观赏价值：★★★★

厚壳树　　　　　　　　　　　*Ehretia acuminate*

科属： 紫草科厚壳树属。

特征： 落叶乔木。叶椭圆形、倒卵形或长圆状倒卵形，长5～13cm，宽4～6cm，先端尖，基部宽楔形，边缘有锯齿；叶柄长1.5～2.5cm。聚伞花序圆锥状，长8～15cm，被短毛或近无毛；花多数，密集，小型，芳香；花萼长1～2mm，裂片卵形；花冠钟状，白色，长3～4mm，裂片长2～2.5mm。核果黄色或橘黄色，直径3～4mm。

来源： 栽培。广西有野生。

观赏特性与用途： 树冠紧凑圆满，枝叶扶疏，可作园景树。

花果期： 花期4月，果期7月。

观赏价值： ★★

鸳鸯茉莉　　　　　　　　　　*Brunfelsia brasiliensis*

科属： 茄科鸳鸯茉莉属。

特征： 常绿灌木；高50～100cm。单叶互生，矩圆形或椭圆状矩形，长5～7cm，宽1.7～2.5cm，先端渐尖，全缘。花单生或呈聚伞花序，高脚碟状，初开时淡紫色，随后变成淡蓝色，再后变成白色。浆果。

来源： 栽培。原产巴西。

观赏特性与用途： 株形秀美，叶片翠绿，花朵繁富，花色艳丽，紫色、蓝色、白色混生，芳香浓郁，宜孤植、丛植观赏，列植作绿篱，也可盆栽观赏。

花果期： 花期4～9月，春季花多而芳香，秋季开花较少。

观赏价值： ★★★★★

夜香树（夜来香）　　　　　*Cestrum nocturnum*

科属： 茄科夜香树属。

特征： 半常绿直立或近攀缘状灌木，高2～3m。全体无毛；枝条细长而下垂。叶有短柄，叶片矩圆状卵形或矩圆状披针形，长6～15cm，宽2～4.5cm，全缘，顶端渐尖。伞房式聚伞花序，疏散，长7～10cm，有极多花；花绿白色至黄绿色，晚间极香；花冠高脚碟状，长约2cm，筒部伸长，下部极细，向上渐扩大，裂片5。浆果矩圆状。

来源： 栽培。原产南美洲，现广泛栽培。

观赏特性与用途： 植株优美，枝叶扶疏，花朵繁茂，夜间芳香，可盆栽或地栽观赏。

花果期： 花期5～10月，少见结果。

观赏价值： ★★★★

苦蘵（灯笼草）　　　　　*Physalis angulata*

科属： 茄科灯笼果属。

特征： 一年生草本。被疏短柔毛或近无毛；茎多分枝。叶柄长1～5cm，叶片卵形至卵状椭圆形，全缘或有不等大的牙齿，两面近无毛，长3～6cm，宽2～4cm。花梗长5～12mm；花冠淡黄色，喉部常有紫色斑纹，长4～6mm，直径6～8mm；花药蓝紫色或有时黄色。浆果直径约1.2cm，包于膨大中空的花萼里。

来源： 野生。生于山谷林下及村边路旁。

观赏特性与用途： 株形秀美，果形奇特，可盆栽观赏或片植作地被植物。

花果期： 花果期5～12月。

观赏价值： ★★★

金钟藤　　　　　　　　　　　　　　　*Decalobanthus boisianus*

科属： 旋花科金钟藤属。

特征： 大型缠绕藤本。茎无毛。叶近于圆形，长9.5～15.5cm，顶端渐尖或骤尖，基部心形，全缘，侧脉7～10对；叶柄长4.5～12cm。花序腋生，为多花的伞房状聚伞花序，总花序梗长5～24（～35）cm；花冠黄色，宽漏斗状或钟状，长1.4～2cm。蒴果圆锥状球形，长1～1.2cm，4瓣裂。

来源与生境： 野生。生于疏林润湿处或次生杂木林。

观赏特性与用途： 叶片翠绿，生长茂盛，花色金黄，蔓延和攀爬力强，可用于棚架、栅栏、边坡等绿化美化。

花果期： 花期4～11月，果期11月至次年1月。

观赏价值： ★★★

五爪金龙 | *Ipomoea cairica*

科属：旋花科番薯属。

特征：多年生缠绕草本，全体无毛。茎细长，有细棱，有时有小疣状突起。叶掌状5深裂或全裂，中裂片较大，长4～5cm，宽2～2.5cm，基部1对裂片常再2裂；叶柄长2～8cm，基部具小的掌状5裂的假托叶。聚伞花序腋生，常具1～3花；花冠紫红色、紫色或淡红色，漏斗状，长5～6cm。蒴果近球形，高约1cm，4瓣裂。

来源与生境：野生。原产热带亚洲或非洲，现已广泛逸为野生。

生于向阳处路边、灌丛。喜光耐旱，不怕高温酷暑。

观赏特性与用途：藤蔓纤柔，叶片青翠，花色美丽，可作棚架、栅栏、花篱、墙垣的绿化美化。

观赏价值：★★★★

七爪龙 | *Ipomoea mauritiana*

科属：旋花科番薯属。

特征：多年生大型缠绕草本。茎有细棱，无毛。叶长7～18cm，宽7～22cm，掌状5～7裂，裂至中部以下但未达基部；叶柄长3～11cm，无毛。聚伞花序腋生，各部分无毛，花序梗通常比叶长，具少花至多花；花冠淡红色或紫红色，漏斗状，长5～6cm，花冠管圆筒状，基部变狭，冠檐开展。蒴果卵球形，高约1.2cm，4瓣裂。

来源与生境：野生。生于山地疏林或溪边灌丛。

观赏特性与用途：藤蔓纤柔，叶片青翠，花色美丽，可作棚架、栅栏、花篱、墙垣的绿化美化。

观赏价值：★★★

牵牛（裂叶牵牛）

Ipomoea nil

科属： 旋花科番薯属。

特征： 一年生缠绕草本。茎、叶柄、花序梗、花梗被倒向的短柔毛及杂有长硬毛。叶宽卵形或近圆形，深或浅的3裂，偶5裂，长4～15cm，宽4.5～14cm，基部心形，叶面被柔毛；叶柄长2～15cm。花腋生，单一或常2朵着生于花序梗顶；花冠漏斗状，长5～8（～10）cm，蓝紫色或紫红色；雄蕊及花柱内藏。蒴果近球形，直径0.8～1.3cm，3瓣裂。

来源与生境： 野生。生于山坡灌丛、向阳河谷、路边。原产热带美洲，现已逸为野生。

观赏特性与用途： 藤蔓纤柔，叶片青翠，花色美丽，可作棚架、栅栏、花篱、墙垣的绿化美化。

花果期： 花果期6～9月。

观赏价值： ★★★★

茑萝

Ipomoea quamoclit

科属： 旋花科番薯属。

特征： 一年生柔弱缠绕草本，无毛。叶卵形或长圆形，长2～10cm，宽1～6cm，单叶互生，羽状深裂至中脉，具10～18对线形至丝状平展的细裂片；叶柄长8～40mm，基部常具假托叶。花序腋生；总花梗大多超过叶，长1.5～10cm，花直立；花冠高脚碟状，长2.5cm以上，深红色，冠檐开展，直径1.7～2cm，5浅裂呈五角星状。

来源： 栽培。原产热带美洲。

观赏特性与用途： 藤蔓纤细秀丽，花冠酷似五角红星，可用作花篱、栅栏、棚架绿化，或栽作地被。

花果期： 花期7～9月，果期9～11月

观赏价值： ★★★★★

山猪菜

科属：旋花科鱼黄草属。

特征：缠绕或平卧草本。茎常被短柔毛。叶形及大小有变化，卵形至长圆状披针形，长3.5～13.5cm，宽1.3～10cm，基部心形，全缘，叶面被短柔毛，背面毛被较密；叶柄长短不一，被黄白色短柔毛。聚伞花序腋生，呈伞形；花冠白色，有时黄色或淡红色，漏斗状，长2.5～4（～5.5）cm，瓣中带明显具5脉，冠檐浅5裂；雄蕊内藏。蒴果。

来源与生境：野生。生于路旁、山谷疏林或杂草灌丛中。

观赏特性与用途：叶片翠绿，生长茂盛，花大而洁白，蔓延和攀爬力强，可用于边坡绿化或栽作花墙、栅栏、花篱。

花果期：花期几全年。

观赏价值：★★

Merremia umbellata var. *orientalis*

毛麝香

科属：玄参科毛麝香属。

特征：一年生直立草本。密被多细胞长柔毛和腺毛；茎中空。叶对生，上部的多少互生；叶片披针状卵形至宽卵形，长2～10cm，宽1～5cm，其形状、大小均多变异，先端锐尖，两面被多细胞长柔毛，有稠密的黄色腺点。花单生叶腋或在茎、枝顶端集成总状花序；苞片叶状而较小；萼5深裂，在果时稍增大而宿存；花冠紫红色或蓝紫色，长9～28mm，唇形。蒴果。

来源与生境：野生。生于山坡、路旁、疏林下湿润处。

观赏特性与用途：适应性强，花色蓝紫，可栽作地被。

花果期：花果期7～10月。

观赏价值：★★

Adenosma glutinosum

红花玉芙蓉

Leucophyllum frutescens

科属： 玄参科玉芙蓉属。

特征： 常绿小灌木，株高30～150cm。叶互生；椭圆形或倒卵形，常2～4cm，密被银白色毛茸，质厚，全缘，微卷曲，如银白色芙蓉。花腋生，花冠五裂，紫红色，极美艳，叶色独特。

来源： 栽培。原产中美洲至北美洲。

观赏特性与用途： 株形秀美，叶因被毛而银白，甚为奇特，花色红艳，兼备观叶观花，可盆栽观赏或片植作银白色地被。

花果期： 花期夏秋。

观赏价值： ★★★★

白花泡桐（泡桐、绿桐）

Paulownia fortunei

科属： 玄参科泡桐属。

特征： 乔木。幼枝、叶、花序和幼果均被黄褐色星状绒毛。叶近革质，长卵状心脏形，长10～25cm，先端长渐尖或锐尖头，全缘或微波状，稀3～5浅裂，叶面幼时有毛，叶背密被绒毛；叶柄长6～14cm。花序圆筒状或窄圆锥形；花冠漏斗形，白色，或仅背面稍带紫色或浅紫色，长8～12cm。蒴果长圆形或长圆状椭圆形，长6～10cm，萼存，果皮木质。

来源与生境： 野生。生于山坡、山谷杂木林中。

观赏特性与用途： 树形高大，树干通直，春天白花满树，可栽作庭荫树、园景树或行道树。

花果期： 花期3～4月，果期7～8月。

观赏价值： ★★★

光萼唇柱苣苔

Chirita anachoreta

科属：苦苣苔科唇柱苣苔属。
特征：一年生草本。茎枝、叶柄、叶片有柔毛。叶对生；叶片薄草质，狭卵形或椭圆形，长3～13cm，宽1.5～7.5cm，顶端急尖，边缘有小牙齿，侧脉每侧6～10条；叶柄长0.2～4cm。花序腋生，有（1～）2～3花；花梗长0.5～1.8cm；花萼外面无毛，5裂近中部；花冠白色或淡紫色，长3～5cm；上唇长7～10mm，下唇长12～15mm；柱头2裂。蒴果长7.5～12cm，无毛。
来源与生境：野生。生于山谷林中石上和溪边石上。
观赏特性与用途：株形秀丽，花色艳丽，可片植作地被。
花果期：花期7～9月。
观赏价值：★★★

凌霄

Campsis grandiflora

科属：紫葳科凌霄属。
特征：常绿攀缘藤本。叶对生，奇数羽状复叶；小叶7～9枚，卵形至卵状披针形，长3～7cm，宽1.5～3cm，先端尾状渐尖，叶缘锯齿7～8个，两面无毛；侧脉6～7对。疏散圆锥花序顶生，花序轴长15～20cm；花大；花萼钟状，长约3cm，分裂至中部；花冠漏斗状钟形，长约5cm，外面橙黄色，内面鲜红色，裂片半圆形。
来源：栽培。原产中国、日本。
观赏特性与用途：株形秀美，攀爬性强，花朵繁茂，花大色艳，常作墙面、棚架、栅栏或岩坡绿化用。
花果期：花期6～8月，果期7～9月。
观赏价值：★★★★★

黄花风铃木

Handroanthus chrysanthus

科属： 紫葳科风铃木属。

特征： 落叶小乔木，高4～5m。叶对生，掌状复叶，小叶4～5枚，纸质，卵状椭圆形，被褐色细茸毛，叶面粗糙。圆锥花序，顶生；萼筒管状，不规则开裂，花冠金黄色，漏斗形，长2.5～8cm，五裂，花缘皱曲，两侧对称，甜香。果实为蓇葖果，长条形向下开裂，长18～25cm，有绒毛；种子具翅。

来源： 栽培。原产中南美洲。

观赏特性与用途： 生长快，适应性强；树形美观，花风铃状，花色艳丽，可种植于庭院、道路、草坪、水塘边作庭荫树或行道树，片植效果更好。

花果期： 春季3～4月开花，先花后叶。

观赏价值： ★★★★★

紫花风铃木（红花风铃木）　　*Handroanthus impetiginosus*

科属： 紫葳科风铃木属。

特征： 落叶小乔木。掌状复叶，对生或近对生，有长柄；小叶5枚；小叶椭圆或长椭圆形，长10～20cm，叶纸质或近革质，有细锯齿。圆锥花序簇生成近球形；花大型，长6～10cm；花瓣4～5裂，边缘皱缩；花冠玫红到紫红色，花管喉部黄色。蒴果，长约30cm，开裂；种子有翅。

来源： 栽培。原产中南美洲。

观赏特性与用途： 优良的观花乔木树种，可用作庭荫树、园景树及道路绿化，列植或片植效果良好。

花果期： 花期一般在12月至次年3月，果期3～4月。

观赏价值： ★★★★★

蓝花楹

Jacaranda mimosifolia

科属：紫葳科蓝花楹属。

特征：落叶乔木。二回羽状复叶，叶对生，羽片16对以上，小叶16～24对；小叶椭圆状披针形至椭圆状菱形，长6～12mm，宽2～7mm，先端急尖，基部楔形，全缘。花序长达30cm；花冠筒细长，下部微弯，上部膨大，蓝色，长约18cm；雄蕊4枚，2强。蒴果木质，扁卵圆形，长宽约5cm。

来源：栽培。原产于南美洲。

观赏特性与用途：花艳丽，是优良庭园绿化树种，可孤植或列植作行道树。

花果期：花期5～6月。

观赏价值：★★★★★

吊瓜树 ｜ *Kigelia africana*

科属：紫葳科吊瓜树属。

特征：常绿乔木。奇数羽状复叶交互对生或轮生，叶轴长7.5～15cm；小叶7～9枚，长圆形或倒卵形。圆锥花序生于小枝顶端，花序轴下垂，长50～100cm。果下垂，圆柱形，坚硬、肥硕，不开裂；种子多数，无翅，镶于木质的果肉内。

来源：栽培。原产于热带非洲、马达加斯加。

观赏特性与用途：树冠美观，开花成串下垂，花大艳丽，悬挂的硕大果实酷似冬瓜，甚为奇特，可栽作庭荫树或园景树。

花果期：花期4～5月，果期9～12月。

观赏价值：★★★★

蒜香藤 ｜ *Mansoa alliacea*

科属：紫葳科蒜香藤属。

特征：常绿攀缘灌木。三出复叶对生，小叶椭圆形，中间小叶常呈卷须状或脱落，小叶长7～10cm，宽3～5cm，叶揉搓有蒜香味。圆锥花序腋生；花冠筒状，5裂，紫红色至白色；花朵初开时颜色较深，以后渐淡。蒴果扁平线形，长约15cm。

来源：栽培。原产于南美洲的圭亚那和巴西。

观赏特性与用途：优良攀缘花卉或垂吊花卉，花繁色艳，可地栽、盆栽，也可作为棚架、栅栏、墙垣绿化美化之用。

花果期：花期春至秋季，9～10月开花最旺。

观赏价值：★★★★★

非洲凌霄　　　　　　　　*Podranea ricasoliana*

科属: 紫葳科非洲凌霄属。

特征: 常绿半蔓性灌木。高1m左右,少数达2m。叶对生,奇数羽状复叶,叶柄具凹沟。圆锥花序顶生,花冠漏斗状钟形,先端5裂,粉红到紫红色,喉部色深,有紫红色脉纹。

来源: 栽培。原产于非洲南部,

观赏特性与用途: 枝条柔软,叶翠绿而密集,花色艳丽;可用于花篱、花带、花坛、花境或配置石景种植,片植也有良好的景观效果。

花果期: 花期秋至翌年春季。

观赏价值: ★ ★ ★ ★ ★

炮仗花

科属： 紫葳科炮仗藤属。

特征： 常绿藤本，具3叉丝状卷须。叶对生；小叶2～3枚，卵形，先端渐尖，基部近圆形，长4～10cm，宽3～5cm，两面无毛，叶背具极细小分散的腺穴，全缘；叶轴长约2cm；小叶柄长5～20mm。圆锥花序着生于侧枝顶端，长10～12cm；花萼钟状，具5齿；花冠筒状，内面中部有一毛环，基部收缩，橙红色，裂片5枚。

来源： 栽培。原产巴西。

观赏特性与用途： 优良庭园绿化

Pyrostegia venusta

植物，花朵如鞭炮而得名，花期长，宜用作棚架、栅栏、墙垣等的绿化美化。

花果期： 花期1～6月。

观赏价值： ★★★★★

海南菜豆树

科属： 紫葳科菜豆树属。

特征： 常绿乔木。除花冠筒内面被毛外，全株无毛。一至二回羽状复叶；小叶卵形或长圆状卵形，长4～10cm，宽2.5～4.5cm，先端渐尖，基部宽楔形；侧脉5～6对。总状花序或圆锥花序腋生，少花，花萼淡红色；花冠淡黄色，钟状，长3.5～5cm。蒴果长达40cm，粗约5mm。

来源： 栽培。广西有野生。

观赏特性与用途： 树形美观，树

Radermachera hainanensis

干通直，枝叶浓郁，适合作庭荫树、行道树或园景树。

花果期： 花期4月。

观赏价值： ★★★★

火焰树 *Spathodea campanulata*

科属: 紫葳科火焰树属。

特征: 落叶乔木。一至二回羽状复叶,小叶(9~)13~17枚,椭圆形或倒卵形,长5~9.5cm,全缘,基部具2~3腺体。花梗长2~4cm;花萼佛焰苞状,被绒毛,长5~6 cm;花冠一侧膨大,檐部近钟状,径5~6cm,长5~10cm,橘红色,具紫红色斑点。蒴果长15~25cm,宽3.5cm。种子具周翅。

来源: 栽培。原产非洲。

观赏特性与用途: 树形优美,花色鲜艳美丽,是优良行道树和园景树。

花果期: 花期4~5月。

观赏价值: ★ ★ ★ ★

硬骨凌霄 *Tecoma capensis*

科属: 紫葳科黄钟花属。

特征: 常绿披散灌木。枝细长,常具小瘤突。小叶7~9枚,卵圆形,先端渐尖或急尖,基部楔形,稍偏斜,叶缘具不规则而钝头的锯齿,两面无毛或背面脉腋内被绵毛。总状花序顶生;花冠长漏斗状,二唇形,橙红色或鲜红色,具深红色纵纹;花柱细长。蒴果线形,长2.5~5cm。

来源: 栽培。原产于南部非洲。

观赏特性与用途: 株形秀美,花色艳丽,可用于庭院绿化,美化假山、石景。

花果期: 花期6~8月,果期8~9月。

观赏价值: ★ ★ ★ ★ ★

喜花草（可爱花）

Eranthemum pulchellum

科属：爵床科喜花草属。

特征：常绿灌木。枝四棱形。叶对生，卵形或卵状椭圆形，长9～20cm，宽4～8cm，先端渐尖或长渐尖，基部下延，两面无毛或近无毛，全缘或有不明显钝齿，侧脉8～10对。穗状花序，长3～10cm，具覆瓦状排列的苞片；苞片大，叶状，白绿色，长1～1.5cm，具绿色羽状脉；花萼白色，长6～8mm；花冠蓝色或白色，高脚碟状，花冠管长约3cm，裂片5枚。

来源：栽培。原产印度。

观赏特性与用途：株形秀美，叶色墨绿，花色淡蓝，优雅宜人，可孤植作地被或盆栽观赏。喜温暖湿润气候，稍耐阴，不耐寒。

花果期：花期春季。

观赏价值：★★★★★

虾衣花

Justicia brandegeeana

科属：爵床科黑爵床属。

特征：多年生草本或亚灌木。株高1～2m，多分枝，全株被毛。叶卵形或椭圆形，全缘。穗状花序顶生，先端下垂，长6～9cm，具棕红色宿存苞片，花白色，唇形，上唇全缘或稍2裂，下唇3浅裂，基部有3行紫色斑点。蒴果棒状。

来源：栽培。原产墨西哥。

观赏特性与用途：喜光也较耐阴；具鲜艳、宿存的大苞片，花形似虾头，花期长，适宜盆栽或布置花坛、点缀花境。

花果期：花期一般在夏季。

观赏价值：★★★★

赤苞花 · *Megaskepasma erythrochlamys*

科属： 爵床科赤苞花属。

特征： 常绿灌木。株高可达3m。叶对生，浅绿色，叶片表面光滑，椭圆形。花序顶生，花由众多苞片组成，深粉色到红紫色，二唇状的白色花冠通常早凋，但赤红色苞片花后宿存。果实棍棒状。

来源： 栽培。原产中南美洲热带地区。

观赏特性与用途： 花繁叶茂，花色艳丽，花期长，可栽作地被或盆栽观赏。

花果期： 花期8～12月。

观赏价值： ★★★★★

金苞花   *Pachystachys lutea*

科属: 爵床科金苞花属。

特征: 常绿灌木。株高达1m，多分枝。叶对生，狭卵形，长达12cm，亮绿色，叶面皱褶有光泽。穗状花序顶生，长达10～15cm，直立：苞片心形、金黄色，排列紧密，花白色，唇形，长约5cm，从花序基部陆续向上绽开，金黄色苞片可保持2～3个月。

来源: 栽培。原产于美洲热带地区。

观赏特性与用途: 花序鲜艳，花形别致，花期长，可丛植、片植为花坛、花境，或盆栽观赏。

花果期: 花期夏秋季。

观赏价值: ★★★★★

蓝花草（翠芦莉）　　　　　　　*Ruellia simplex*

科属： 爵床科芦莉草属。

特征： 多年生亚灌木。单叶对生，线状披针形，叶长8～15cm，叶宽0.5～1.0cm，全缘或疏锯齿。花腋生，径3～5cm；花冠漏斗状，5裂，具放射状条纹，边缘细波浪状，多蓝紫色，少数粉色或白色。

来源： 栽培。原产墨西哥。

观赏特性与用途： 花期持久，花色艳丽，耐修剪，可用于布置花境、花坛、花篱，也可片植为林下地被。

花果期： 花期3～10月，开花不断。

观赏价值： ★★★★★

山牵牛   *Thunbergia grandiflora*

科属：爵床科山牵牛属。

特征：常绿攀缘灌木。分枝较多，初密被柔毛。叶具柄，叶柄长达8cm；叶片卵形、宽卵形至心形，长4～9（15）cm，宽3～7.5cm，两面被柔毛；通常5～7条脉。花腋生；花梗长2～4cm；花冠管长5～7mm，连同喉白色；冠檐蓝紫色，裂片圆形或宽卵形，长2.1～3mm；雄蕊4枚。蒴果被短柔毛。

来源与生境：野生。生于山地灌丛、疏林。

观赏特性与用途：叶密荫浓，花朵雅致，可用作棚架、栅栏、墙垣绿化美化。

花果期：花期夏季，果期秋季。

观赏价值：★★★

狭叶红紫珠   *Callicarpa rubella f. angustata*

科属：马鞭草科紫珠属。

特征：半常绿灌木。小枝密被黄棕色星状毛。叶片披针形至倒披针形，长8～14cm，宽2～4cm，先端尾尖或渐尖，基部心形，有时偏斜，边缘具细锯齿，背面密被星状毛；侧脉6～10对；叶柄极短或近于无柄。聚伞花序宽3～4cm，花序梗长1cm；花萼被星状毛或腺毛，具黄色腺点；花冠紫红色、黄绿色或白色，长约3mm。果实球形，紫红色，直径约2mm。

来源与生境：野生。生于林中及灌丛中。

观赏特性与用途：果实颜色靓丽，晶莹可爱，经久不落，是优良的观果植物。

花果期：花期5～7月，果期7～11月。

观赏价值：★★

灰毛大青

Clerodendrum canescens

科属: 马鞭草科大青属。

特征: 半常绿灌木。全体密被灰褐色长柔毛。叶心形或宽卵形,长6～18cm,宽4～15cm,先端渐尖,两面被柔毛;叶柄长1.5～12cm。聚伞花序密集成头状,常2～5枝生于枝顶;花萼由绿变红色,钟状,有5棱角,5深裂至中部;花冠白色或淡红色,花冠管长约2cm,裂片向外平展,长5～6mm。核果近球形,深蓝色或黑色,藏于红色增大的宿萼内。

来源与生境: 野生。生于山坡路边或疏林中。

观赏特性与用途: 花萼在果期宿存增大,颜色鲜艳,花期果期连续,可观赏期长,可栽作地被。

花果期: 花果期4～10月。

观赏价值: ★★

赪桐

Clerodendrum japonicum

科属: 马鞭草科大青属。

特征: 半常绿灌木。叶圆心形,长8～35cm,宽6～27cm,边缘有疏短尖齿,叶面疏生伏毛,被黄色盾状腺体,脉上有短柔毛;叶柄长1.5～16cm,少数可达27cm,具较密黄褐色短柔毛。二歧聚伞花序组成顶生、大而开展的圆锥花序;花冠红色,稀白色,花冠管长1.7～2.2cm,顶端5裂,裂片长1～1.5cm。核果绿色或蓝黑色,宿萼增大,初包果实。

来源与生境: 野生。生于山谷、溪边疏林中。

观赏特性与用途: 叶大花艳,色红如火,可丛植、列植观赏或片植为地被。

花果期: 花果期5～11月。

观赏价值: ★★★★

尖齿臭茉莉

Clerodendrum lindleyi

科属：马鞭草科大青属。

特征：半常绿灌木。幼枝、叶柄、叶片、花序梗、苞片、萼片被柔毛。叶宽卵形或心形，长6.5～12.5cm，先端渐尖，基部心形或近平截，具不规则齿状或波状。伞房状聚伞花序密集成头状，顶生；苞片披针形；花萼裂片线状披针形；花冠淡红或紫红色，冠筒长2～3cm，裂片倒卵形，长5～7mm。核果径5～6mm，蓝黑色，为紫红宿萼包被。

来源与生境：野生。生于山坡、沟边、杂木林或路边。

观赏特性与用途：花序稠密鲜艳，花期较长，可作绿篱栽培或片植为地被。

花果期：花果期6～11月。

观赏价值：★★

龙吐珠

Clerodendrum thomsoniae

科属：马鞭草科大青属。

特征：半常绿攀缘灌木。叶片纸质，狭卵形或卵状长圆形，顶端渐尖，全缘；聚伞花序腋生或假顶生，二歧分枝；苞片狭披针形；花萼白色，基部合生，中部膨大，裂片三角状卵形；花冠深红色；雄蕊4枚，与花柱同伸出花冠外。核果近球形，外果皮光亮，棕黑色；宿存萼变红紫色。

来源：栽培。原产热带非洲西部、墨西哥。

观赏特性与用途：开花时深红色的花冠由白色的萼内伸出，状如吐珠，花形奇特，花朵繁丰，可用作花架或盆栽观赏。

花果期：花期春夏季。

观赏价值：★★★★

假连翘（黄素梅）　　　　　　　　　　　*Duranta erecta*

科属： 马鞭草科假连翘属。

特征： 常绿灌木。枝条有刺。叶纸质，对生，稀轮生，卵状椭圆形或卵状披针形，长2～6.5cm，宽1.5～3.5cm，全缘或中部以上有锯齿；叶柄长约1cm。总状花序常排成圆锥状；花冠蓝紫色，长约8mm，稍不整齐，5裂。核果球形，无毛，有光泽，熟时橙色，为增大宿存的花萼所包围。

米源： 栽培。原产于热带美洲，广泛栽培。

观赏特性与用途： 枝叶浓密，幼叶金黄，极耐修剪，适应性强，是优良绿篱植物和造型植物。常见品种有'花叶'假连翘（*Duranta erecta* 'Variegata'）、'金叶'假连翘（*Duranta erecta* 'Golden Leaves'）、'蕾丝'假连翘（*Duranta erecta* 'Lass'）等。

花果期： 全年开花。

观赏价值： ★★★★★

冬红　　　　　　　　*Holmskioldia sanguinea*

科属：马鞭草科冬红属。

特征：常绿灌木。小枝四棱形，被毛。叶对生，膜质，卵形或宽卵形，叶缘有锯齿，两面均有稀疏毛及腺点；叶柄长1～2cm，具毛及腺点，有沟槽。聚伞花序常2～6个再组成圆锥状，每聚伞花序有3花；花萼朱红色或橙红色，由基部向上扩张成一阔倒圆锥形的碟，直径可达2cm；花冠朱红色，花冠管长2～2.5cm。

来源：栽培。原产喜马拉雅地区。

观赏特性与用途：花朵繁丰，花型奇特，花色红艳，是优良的观花植物，花蜜量大，常吸引太阳鸟等吸蜜鸟类。

花果期：花期冬末春初。

观赏价值：★★★★

马缨丹（五色梅）　　　　　　*Lantana camara*

科属：马鞭草科马缨丹属。

特征：常绿直立或蔓性灌木。茎枝均为四棱形，有粗毛，常有短而倒钩状皮刺。单叶对生，揉烂后有强烈气味，卵形至卵状长圆形，长3～8.5cm，宽1.5～5cm，基部心形或楔形，边缘有钝齿，叶面有粗糙皱纹和短柔毛。花序球形，直径1.5～2.5cm；花序梗粗壮，长于叶柄；花冠黄、橙黄至深红色，花冠管长约1cm。果圆球形，成熟时紫黑色。

来源：野生，有栽培。原产于美洲热带地区，已逸为野生。

观赏特性与用途：花美丽且花期长，繁殖易，适应性强、繁殖快。可片植为观花地被。

花果期：几乎全年可见花果。

观赏价值：★★★

蔓马缨丹

Lantana montevidensis

科属： 马鞭草科马缨丹属。

特征： 常绿灌木。枝下垂，被柔毛，长0.7～1m。叶卵形，长约2.5cm，基部突然变狭，边缘有粗牙齿。头状花序直径约2.5cm，具长总花梗；花长约1.2cm，淡紫红色；苞片阔卵形，长不超过花冠管的中部。

来源： 栽培。原产南美洲。

观赏特性与用途： 适应性广，繁殖能力强，花繁色艳，是优良的观花地被植物。

花果期： 花期为全年。

观赏价值： ★★★★

柚木 *Tectona grandis*

科属：马鞭草科柚木属。

特征：落叶大乔木。小枝四棱形，具四槽；小枝、叶背、叶柄、花萼被星状绒毛。叶对生，厚纸质，卵状，大型，叶面粗糙，全缘；侧脉7～12对。圆锥花序顶生，大型，长25～40cm，宽30cm以上；花有香气，但仅有少数能发育；花冠白色。核果球形，直径12～18mm，外果皮被毡状细毛，内果皮骨质。

来源：栽培。原产东南亚。

观赏特性与用途：树形美观，叶片宽阔，可栽作园景树或行道树，喜光，喜肥沃、深厚土壤；著名用材树种。

花果期：花期8月，果期10月。

观赏价值：★★

柳叶马鞭草 *Verbena bonariensis*

科属：马鞭草科马鞭草属。

特征：一年生至多年生草本。株高50～150cm，多分枝，全株有毛。叶对生，生长初期叶为椭圆形，边缘有缺刻，两面有粗毛；花茎上的叶细长，线形或披针形，先端尖，基部无柄，绿色。聚伞花序由数十朵小花组成，顶生，花小，花冠5裂，蓝紫色或紫红色。

来源：栽培。原产于南美洲。

观赏特性与用途：花朵繁茂，花色娇艳，花期长，可大片种植以营造花海、花田景观，也用于布置花坛或花境。

花果期：花期5～9月。

观赏价值：★★★★★

细长马鞭草　　　　　*Verbena rigida*

科属：马鞭草科马鞭草属。

特征：多年生草本，常作一年生栽培。茎四棱，枝条横展，基部呈匍匐状，全株被灰色柔毛。叶对生，长圆形，边缘有锯齿。穗状花序顶生，多数小花密集排列呈伞房状；花冠筒状，花色多为蓝紫色至玫红色，也有粉红、大红、白色等。

来源：栽培。原产南美洲。

观赏特性与用途：枝条铺散，花期长，花色鲜艳，可用作花坛、花境材料，也可盆栽观赏。

观赏价值：★★★★

黄荆　　　　　*Vitex negundo*

科属：马鞭草科牡荆属。

特征：常绿灌木或小乔木。小枝四棱形，密生灰白色柔毛。掌状复叶，小叶5枚，稀3枚；小叶长圆状披针形至披针形，全缘或具少数粗锯齿，叶面被微柔毛，叶背密生灰白色绒毛；中间小叶长4~13cm，宽1~4cm。聚伞花序排成圆锥花序式，顶生，长10~27cm，花序梗密生灰白色绒毛；花冠淡紫色，5裂，二唇形。

来源与生境：野生。山坡路旁灌木丛中。

观赏特性与用途：枝叶繁密，管理粗放，适合作绿篱。

花果期：花期4~6月，果期7~10月。

观赏价值：★★

肾茶（猫须草）

Clerodendranthus spicatus

科属：唇形科肾茶属。
特征：多年生草本。茎直立。叶卵形、菱状卵形或卵状长圆形，长2~5.5cm，宽1.3~3.5cm，先端急尖，边缘具粗牙齿或疏圆齿。

轮伞花序6花；花梗长达5mm。花冠浅紫或白色，冠筒狭管状，长9~19mm，二唇形；雄蕊4枚，超出花冠2~4cm，花丝长丝状。
来源：栽培。广西有野生。

观赏特性与用途：花丝长，如猫须，花形奇特，可盆栽观赏或用于点缀花境。
花果期：花果期5~11月。
观赏价值：★★★★

五彩苏（彩叶草）

Coleus scutellarioides

科属：唇形科鞘蕊花属。
特征：多年生直立草本。叶膜质，其大小、形状及色泽变异很大，常卵圆形，长4~12.5cm，宽2.5~9cm，边缘有锯齿或圆齿，色泽有黄、暗红、紫色及绿色；

叶柄长1~5cm。轮伞花序多花，花时径约1.5cm，多数密集排列成长5~10（25）cm的花序；花梗长约2mm；花萼钟形，10脉；花冠浅紫色至蓝色，长8~13mm，冠筒骤然下弯，冠檐二唇形。

来源：栽培。原产东南亚。
观赏特性与用途：叶色绚丽，叶面丝绒状，可用于布置篮花花坊或彩色地被，亦可盆栽观赏。
花果期：花期7月。
观赏价值：★★★★★

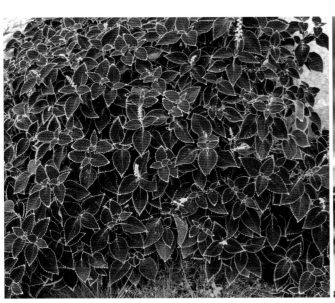

活血丹

Glechoma longituba

科属：唇形科活血丹属。

特征：多年生草本。具匍匐茎，逐节生根。叶草质，心形或近肾形，叶柄长为叶片的1～2倍，叶片长1.8～2.6cm，宽2～3cm，边缘具圆齿。轮伞花序常2花，稀具4～6花；花萼管状，长9～11mm；花冠淡蓝、蓝至紫色，下唇具深色斑点，冠檐二唇形；上唇直立，2裂，下唇3裂。

来源与生境：野生。生于林缘、疏林下、草地中、溪边等阴湿处。

观赏特性与用途：株形秀美，叶形奇特，花形雅致，可片植为地被或盆栽观赏。

花果期：花期3～4月，果期5～6月。

观赏价值：★★

朱唇

Salvia coccinea

科属：唇形科鼠尾草属。

特征：一年生或多年生草本。茎直立。叶片卵圆形或三角状卵圆形，长2～5cm，宽1.5～4cm，先端锐尖，基部心形或近截形，边缘具锯齿，草质，两面被毛。轮伞花序4至多花，疏离，组成顶生总状花序；花冠深红，长2～2.3cm，冠筒长约1.6cm，冠檐二唇形，上唇比下唇短，伸直，先端微凹；下唇长7mm，宽8.5mm，3裂。

来源：栽培。原产美洲。

观赏特性与用途：花朵繁密，花色鲜艳，可用于布置花坛或花境，亦可丛植。

花果期：花期1～7月。

观赏价值：★★★★★

墨西哥鼠尾草 　　　　　　 *Salvia leucantha*

科属：唇形科鼠尾草属。

特征：多年生草本。茎直立多分枝，基部稍木质化。株高约1m，全株被柔毛。叶披针形，叶面皱，先端渐尖，具柄，边缘具浅齿。穗状花序，花紫红色或蓝紫色。

来源：栽培。原产中南美洲。

观赏特性与用途：喜光。叶灰白，花紫红，对比度强，花叶俱美，花期长，可栽作花坛、花境。

花果期：花期秋季，果期冬季。

观赏价值：★★★★★

聚花草 　　　　　　 *Floscopa scandens*

科属：鸭跖草科聚花草属。

特征：多年生草本。具根状茎。全体或仅叶鞘及花序各部分被多细胞腺毛；茎不分枝。叶无柄或有带翅的短柄；叶片椭圆形至披针形，长4～12cm，宽1～3cm。圆锥花序多个，顶生并兼有腋生，组成长达8cm、宽达4cm的扫帚状复圆锥花序，下部总苞片叶状，与叶同型、同大；花梗极短；花瓣蓝色或紫色。蒴果长宽2mm。

来源与生境：野生。生于水边、山沟边草地及林中。

观赏特性与用途：喜水湿，茎匍匐，叶形似竹叶，花序扫帚状，花朵繁盛，可栽于公园水边、溪谷湿地，也可盆栽。

花果期：花果期7～11月。

观赏价值：★★

裸花水竹叶 *Murdannia nudiflora*

科属：鸭跖草科水竹叶属。

特征：多年生草本。茎披散，下部节上生根，无毛。叶几乎全部茎生，茎生叶叶鞘长一般不及1cm，常全面被长刚毛；叶片禾叶状或披针形，长2.5～10cm，宽5～10mm。蝎尾状聚伞花序数个，排成顶生圆锥花序，或仅单个；总苞片下部的叶状；花具纤细而长达4cm的总梗；花瓣紫色，长约3mm；能育雄蕊2枚。蒴果长3～4mm。

来源与生境：野生。生于水边潮湿处。

观赏特性与用途：株形小巧，生命力强，花期长，观赏价值较高，适宜盆栽观赏。

花果期：花果期6～10月。

观赏价值：★ ★ ★

紫背万年青（蚌兰） *Tradescantia spathacea*

科属：鸭跖草科紫露草属。

特征：多年生直立草本。茎粗壮，较短。叶丛生，成年植株叶长15～40cm；叶背紫红色。花着生于主茎或分枝顶端的苞片内，苞片2片，呈叶片状，左右分开，酷似河蚌；花白色。

来源：栽培。原产于墨西哥和西印度群岛。

观赏特性与用途：株形奇特秀美，叶片带状，叶背紫红，是优美的观叶植物，适于盆栽观赏或片植作地被。

花果期：花期8～10月。

观赏价值：★ ★ ★ ★ ★

野蕉

Musa balbisiana

科属：芭蕉科芭蕉属。

特征：多年生大型树状草本植物。假茎丛生，具匍匐茎。叶片长约2.9m，宽约90cm，基部耳形，两侧不对称；叶柄长约75cm，叶翼张开约2cm。花序长2.5m，雌花的苞片脱落，中性花及雄花的苞片宿存，苞片外面暗紫红色，被白粉，内面紫红色，开放后反卷。果丛共8段，每段有果2列；浆果倒卵形，长约13cm，直径4cm，棱角明显，基部渐狭成长2.5cm的柄。

来源与生境：野生。生于沟谷坡地的湿润常绿林中。

观赏特性与用途：株形美丽，叶色碧绿，花色鲜艳，可丛植或群植。

花果期：花期3～8月。

观赏价值：★★★

红蕉

Musa coccinea

科属：芭蕉科芭蕉属。

特征：假茎高1～2m。叶片长1.8～2.2m，宽68～80cm，无白粉，基部不相等；叶柄长30～50cm。花序直立，序轴无毛，苞片外面鲜红而美丽，内面粉红色，皱折明显，每一苞片内有花一列，约6朵；雄花花被片乳黄色。浆果直，在序轴上斜向下垂，灰白色，无棱，长10～12cm，直径约4cm，果内种子极多。

来源：栽培。原产云南东南部。

观赏特性与用途：株形秀美，花苞殷红如炬，十分美丽，可作孤植或丛植观赏。

花果期：花期5～10月。

观赏价值：★★★★★

香蕉 *Musa nana*

科属：芭蕉科芭蕉属。

特征：多年生大型树状草本植物，植株丛生，具匍匐茎。假茎均浓绿而带黑斑，被白粉。叶片长圆形，长（1.5）2～2.2（2.5）m，宽60～70（85）cm，先端钝圆，两侧对称。穗状花序下垂，苞片外面紫红色，被白粉，每苞片内有花2列；花乳白色或略带浅紫色，全缘。果身弯曲。

来源：栽培。原产我国南部。

观赏特性与用途：植株高大，花色鲜艳，可丛植或群植，极富热带风情。著名热带水果。

花果期：全年均可开花结果。

观赏价值：★★★★

'金火炬'蝎尾蕉 *Heliconia psittacorum* 'Golden torch'

科属：蝎尾蕉科蝎尾蕉属。

特征：多年生草本植物。植株高90～150cm，茎秆细长，丛生。叶互生，带状披针形，长30～50cm，宽8～10cm，薄革质，有光泽，全缘。穗状花序轴金黄色，花序直立，顶生；船形苞片4～8枚，短而阔，金黄色，尖端边缘绿色；花被片黄色，筒状，有金属光泽。

来源：栽培。原产南美洲。

观赏特性与用途：株形秀美，花形奇特，花色鲜黄，可作丛植或片植，也盆栽观赏，还可作切花。

花果期：花期夏秋季。

观赏价值：★★★★★

旅人蕉

Ravenala madagascariensis

科属：旅人蕉科旅人蕉属。
特征：常绿小乔木。叶2行排列于茎顶，形似大折扇；叶片长圆形，似蕉叶，长达2m，宽达65cm。花序腋生；花序轴每边有佛焰苞5~6枚，佛焰苞长25~35cm，宽5~8cm，内有花5~12朵，排成蝎尾状聚伞花序；萼片披针形，长20cm，宽12mm；花瓣与萼片相似，唯中央1枚较狭小。
来源：栽培。原产非洲马达加斯加。
观赏特性与用途：株形奇特，姿态优美，叶片宽阔墨绿，风情别具，颇具热带风光，可孤植、丛植或列植观赏。
花果期：花期7~8月。
观赏价值：★★★★★

大鹤望兰

Strelitzia nicolai

科属：旅人蕉科鹤望兰属。
特征：常绿灌木或亚灌木。叶片长圆形，长90~120cm，宽45~60cm，基部圆形，不等侧；叶柄长1.8m。花序腋生，花序上通常有2个大型佛焰苞，佛焰苞舟状，长25~32cm，内有花4~9朵；萼片披针形，白色，长13~17cm，宽1.5~3cm，下方的1枚背具龙骨状脊突，箭头状花瓣天蓝色，长10~12cm，中央的花瓣极小。

来源：栽培。原产非洲南部。
观赏特性与用途：植株挺拔，花朵奇特硕大，可孤植或丛植观赏，亦可用作切花材料。
花果期：花期夏秋季。
观赏价值：★★★★

红豆蔻 · *Alpinia galanga*

科属： 姜科山姜属。

特征： 多年生草木。根茎块状。叶片长圆形或披针彤，长25~35cm，宽6~10cm，基部渐狭；叶柄短。圆锥花序密生多花，长20~30cm，花序轴被毛，分枝多而短，每一分枝上有花3~6朵；花绿白色，有异味；萼筒状，长6~10mm，果时宿存；花冠管长6~10mm；唇瓣倒卵状匙形，长达2cm，白色而有红线条，深2裂。果长圆形，长1~1.5cm。

来源： 栽培。广西有野生。

观赏特性与用途： 适应性强，株形美观，叶色浓绿，花序奇特，可孤植或丛植观赏，也可片植作地被。

花果期： 花期5~8月，果期9~11月。

观赏价值： ★★★

华山姜 · *Alpinia oblongifolia*

科属： 姜科山姜属。

特征： 多年生草本。叶披针形或卵状披针形，长20~30cm，宽3~10cm，基部渐狭，两面均无毛；叶柄长约5mm。狭圆锥花序，长15~30cm，分枝短；花白色，萼管状，长5mm，顶端具3齿；花冠管略超出，花冠裂片长约6mm，后方的1枚稍大，兜状；唇瓣长6~7mm，顶端微凹；子房无毛。果球形，直径5~8mm。

来源与生境： 野生。为林荫下常见的草本。

观赏特性与用途： 株形秀美，花色洁白，果色红艳，可用于林下、溪谷等阴湿处绿化造景，也可盆栽观赏。

花果期： 花期5~6月，果期6~12月。

观赏价值： ★★★

花叶艳山姜（花叶良姜）　　　*Alpinia zerumbet* 'Variegata'

科属：姜科山姜属。

特征：多年生草本。植株高1~2m，具根茎。叶具鞘，长椭圆形，叶长约50cm，宽15~20cm，有金黄色纵斑纹。圆锥花序呈总状花序式，下垂；花蕾包藏于总苞片中；花白色，边缘黄色，顶端红色；唇瓣广展。蒴果卵圆形。

来源：栽培。原产我国。

观赏特性与用途：喜明亮或半遮阴，株形秀美，叶色艳丽，花大而美丽芳香，可作观叶观花植物栽培。

花果期：花期4~6月，果期7~10月。

观赏价值：★★★★★

砂仁　　　*Amomum villosum*

科属：姜科豆蔻属。

特征：多年生草本。茎散生。中部叶片长披针形，长37cm，宽7cm，顶端尾尖，两面无毛。穗状花序椭圆形，总花梗长4~8cm；花萼管长1.7cm，顶端具三浅齿，白色；花冠管长1.8cm；裂片长1.6~2cm，宽0.5~0.7cm，白色；唇瓣顶端具二裂，黄色而染紫红，基部具2个紫色斑。蒴果椭圆形，长1.5~2cm，成熟时紫红色，表面被柔刺。

来源：栽培。原产我国。

观赏特性与用途：株形秀美，叶色翠绿，可栽作林下地被，初夏可观花，盛夏可观果。果实为著名中药材。

花果期：花期5~6月，果期8~9月。

观赏价值：★★★

闭鞘姜

科属： 姜科闭鞘姜属。

特征： 多年生草本。茎顶部旋卷。叶片长圆形或披针形，长15～20cm，宽6～10cm，叶背密被绢毛。穗状花序顶生，椭圆形或卵形，长5～15cm；苞片革质，红色，长2cm；花萼红色，长1.8～2cm，3裂；花冠管短，长1cm；唇瓣宽喇叭形，纯白色，长6.5～9cm；雄蕊花瓣状，长约4.5cm。蒴果稍木质，长1.3cm，红色。

来源： 栽培。我国有野生。

观赏特性与用途： 株形奇特，叶色翠绿，花朵亭亭玉立，极为雅致，可孤植或丛植，也可盆栽观赏。

花果期： 花期7～9月，果期9～11月。

观赏价值： ★★★

Cheilocostus speciosus

姜黄

科属： 姜科姜黄属。

特征： 多年生草本。株高1～1.5m；根茎橙黄色，极香。叶每株5～7片，叶片长圆形或椭圆形，长30～45（90）cm，宽15～18cm，两面均无毛；叶柄长20～45cm。花葶由叶鞘内抽出，总花梗长12～20cm；穗状花序圆柱状，长12～18cm，直径4～9cm；苞片淡绿色，顶端尖，开展，白色，边缘染淡红晕；花萼白色；花冠淡黄色，管长达3cm，裂片长1～1.5cm。

来源： 栽培。原产我国。

观赏特性与用途： 花序精致，叶色翠绿，可作观叶观花植物栽培。根茎可作调味料。

花果期： 花期8月。

观赏价值： ★★★

Curcuma longa

姜花

Hedychium coronarium

科属： 姜科姜花属。

特征： 多年生草本。茎高1～2m。叶片长圆状披针形或披针形，长20～40cm，宽4.5～8cm，叶面光滑，无柄。穗状花序顶生，椭圆形，长10～20cm；苞片呈覆瓦状排列，长4.5～5cm，每一苞片内有花2～3朵；花香，白色，花冠管纤细，长8cm，裂片披针形，长约5cm，后方的1枚呈兜状；唇瓣长和宽约6cm，白色，顶端2裂。

来源： 栽培。原产亚洲热带地区。

观赏特性与用途： 株形秀美，叶色翠绿，花开似一群美丽的蝴蝶，无花时则郁郁葱葱，绿意盎然，可丛植或片植观赏。

花果期： 花期8～12月。

观赏价值： ★★★★

红花美人蕉

Canna coccinea

科属： 美人蕉科美人蕉属。

特征： 多年生草本。株高0.8～1.5m。茎、叶和花序均被白粉。叶片椭圆形，绿色。总状花序顶生；花大，密集，花冠红色；唇瓣狭，倒卵状长圆形。

来源： 栽培。原产印度。

观赏特性与用途： 喜光，可耐短期水涝。叶片硕大，花鲜艳美丽，花期长，宜作花坛背景或作花境或观花地被。

观赏价值： ★★★★★

大花美人蕉   *Canna × generalis*

科属: 美人蕉科美人蕉属。

特征: 多年生草本。株高约1.5m。茎、叶和花序均被白粉。叶片椭圆形,长达40cm,宽达20cm,叶缘、叶鞘紫色。总状花序顶生;花大,密集;花冠管长5~10mm,花冠裂片长4.5~6.5cm;颜色以红色为主,不同品种花色多样,有乳白、黄、橘红、粉红、大红至紫红;唇瓣倒卵状匙形。

来源: 栽培。原产美洲、印度。

观赏特性与用途: 喜光,可耐短期水涝。叶片硕大,花鲜艳美丽,花期长,宜作花坛背景或在花坛中心栽植,也可片植作地被。栽培品种常见有'金脉'美人蕉(*Canna × generalis* 'Striata'):叶片具黄色脉纹。

花果期: 花期夏秋季。

观赏价值: ★★★★★

粉美人蕉（水生美人蕉） *Canna glauca*

科属： 美人蕉科美人蕉属。

特征： 多年生草本。根茎延长，株高1～2m。叶片披针形，长达50cm，宽10～15cm，绿色，被白粉，边绿白色，透明。总状花序疏花，单生或分叉，稍高出叶上；花黄色或粉红色，无斑点；花冠裂片线状披针形，直立；唇瓣狭，倒卵状长圆形，顶端2裂，中部卷曲。蒴果长圆形。

来源： 栽培。原产南美洲及西印度群岛。

观赏特性与用途： 喜水湿环境，耐水淹，喜光。株形秀美，叶片清秀，花色鲜艳，为优良的湿地观花植物，宜片植于浅水处或沼泽地。

花果期： 花期夏秋季。

观赏价值： ★ ★ ★ ★ ★

美人蕉　　　　　　　　　*Canna indica*

科属： 美人蕉科美人蕉属。

特征： 多年生草本。植株绿色，高1～1.5m。叶片卵状长圆形，长10～30cm，宽达10cm。总状花序疏花；略超出于叶片之上；花红色，单生；花冠管长不及1cm，花冠裂片披针形，长3～3.5cm，红色；唇瓣披针形，长3cm，弯曲。蒴果绿色，长卵形，有软刺，长1.2～1.8cm。

来源： 栽培。原产印度。

观赏特性与用途： 株形秀美，叶片硕大，花色鲜艳美丽，花期长久，宜作花坛背景或用于花境配置，也可片植作地被。

花果期： 花果期3～12月。

观赏价值： ★★★★★

孔雀竹芋　　　　　　　　*Calathea makoyana*

科属： 竹芋科叠苞竹芋属。

特征： 多年生草本。株高30～60cm。叶柄紫红色；叶片薄革质，卵状椭圆形，长可达30cm，叶面黄绿色，在主脉侧交互排列有羽状暗绿色的长椭圆形斑纹，对应的叶背为紫色，叶片先端尖，基部圆。花白色。

来源： 栽培。原产巴西。

观赏特性与用途： 喜湿润蔽荫环境。株形秀美，叶面纹样斑驳，状似孔雀开屏，独特美丽，为优良的观叶植物，可丛植观赏或片植为地被，亦可盆栽观赏。

花果期： 花期夏季，少见开花。

观赏价值： ★★★★★

紫背栉花竹芋（艳锦竹芋） *Ctenanthe oppenheimiana*

科属： 竹芋科栉花竹芋属。

特征： 多年生草本。株高40～60cm。基生叶丛生，叶具长柄，叶片披针形至长椭圆形，纸质，全缘；叶面散生有银灰色、浅灰、乳白、淡黄及黄色斑块或斑纹，叶背紫红色。

来源： 栽培。原产巴西。

观赏特性与用途： 喜半阴环境；叶色五彩斑斓，清新雅致，可丛植观赏或片植为地被，也可盆栽观赏。

花果期： 花期初夏。

观赏价值： ★ ★ ★ ★ ★

柊叶 *Phrynium rheedei*

科属： 竹芋科柊叶属。

特征： 多年生草本。株高1m。根茎块状。叶基生，长圆形或长圆状披针形，长25～50cm，宽10～22cm，顶端短渐尖，两面均无毛；叶柄长达60cm；叶枕长3～7cm，无毛。头状花序直径5cm，无柄，自叶鞘内生出；苞片长圆状披针形，长2～3cm，紫红色，顶端初急尖，后呈纤维状；每一苞片内有花3对，无柄；花冠管较萼为短，紫堇色。

来源与生境： 野生，有栽培。生于密林中阴湿之处。

观赏特性与用途： 株形秀丽，叶色翠绿，可丛植观赏或片植为地被。叶可裹米粽或包食物用。

花果期： 花期5～7月。

观赏价值： ★ ★

再力花

Thalia dealbata

科属： 竹芋科再力花属。

特征： 多年生挺水草本。株高1～2m。叶灰绿色，长卵形或披针形，先端尖，基部圆形，全缘，叶柄极长，近叶基部暗红色。穗状圆锥花序，苞片紫灰色，小花多数，花紫红色。

来源： 栽培。原产墨西哥及美国。

观赏特性与用途： 喜水湿。植株紧凑，高大美观，叶片宽阔青翠，为优良的湿地花卉，可片植于浅水处或沼泽地。

花果期： 花期夏季。

观赏价值： ★ ★ ★ ★ ★

芦荟

Aloe vera

科属： 百合科芦荟属。

特征： 多年生肉质植物。茎较短。叶近簇生或稍二列，肥厚多汁，条状披针形，粉绿色，长15～35cm，基部宽4～5cm，边缘疏生刺状小齿。花莛高60～90cm，不分枝或有时稍分枝；总状花序具几十朵花；花点垂，淡黄色而有红斑；花被长约2.5cm。

来源： 栽培。原产非洲热带地区。

观赏特性与用途： 喜光，耐干旱贫瘠；株形奇特优美，叶色翠绿斑驳，花序美丽，可盆栽观赏或用于点缀假山石景。

花果期： 花果期7～9月。

观赏价值： ★ ★ ★ ★

天门冬 | *Asparagus cochinchinensis*

科属: 百合科天门冬属。

特征: 多年生攀缘缠绕植物。根在中部或近末端成纺锤状膨大。茎平滑，常弯曲或扭曲，长可达1～2m，分枝具棱或狭翅。叶状枝通常每3枚成簇，扁平或由于中脉龙骨状而略呈锐三棱形，稍镰刀状，长0.5～8cm，宽1～2mm。花通常每2朵腋生，淡绿色。浆果直径6～7mm，熟时红色，有1颗种子。

来源: 栽培。广西有野生。

观赏特性与用途: 株形美观，茎叶秀美，可盆栽搭小型花架或吊垂培养供观赏。

花果期: 花期5～6月，果期8～10月。

观赏价值: ★ ★ ★

非洲天门冬 | *Asparagus densiflorus*

科属: 百合科天门冬属。

特征: 常绿半灌木，多少攀缘。高可达1m。茎和分枝有纵棱。叶状枝每3（1～5）枚成簇，扁平，条形，长1～3cm，宽1.5～2.5mm。总状花序单生或成对，通常具十几朵花；花白色，直径3～4mm。浆果直径8～10mm，熟时红色。

来源: 栽培。原产非洲南部，现已被广泛栽培。

观赏特性与用途: 喜湿润环境；株形秀美，枝条柔软可爱。可盆栽或丛植观赏或片植作地被。

观赏价值: ★ ★ ★ ★ ★

狐尾天门冬

Asparagus densiflorus 'Myersii'

科属： 百合科天门冬属。

特征： 多年生草本。株高30～70cm，具细小分枝。植株丛生，呈放射状，茎直立，圆筒状，稍弯曲。叶状枝细小，线形或披针形，鲜绿色。小花白色，具清香。

来源： 栽培。原产南非。

观赏特性与用途： 喜湿润环境；株形秀美，枝条柔软可爱。可盆栽观赏或丛植观赏，也是优良的切叶材料。

花果期： 花期夏季。

观赏价值： ★★★★★

松叶武竹（蓬莱松）

Asparagus myriocladus

科属： 百合科天门冬属。

特征： 常绿亚灌木。株高30～80cm。叶状茎纤细，针状，长1.2～3cm，宽1～2mm，3～8枚丛生如松叶，始翠绿色，后呈深绿色，老叶有白粉。花淡红至白色，1～3朵簇生，有香气。

来源： 栽培。原产非洲热带地区。

观赏特性与用途： 株形美观，叶状茎密生如松，清秀而又苍翠，是深受大众喜爱的观叶植物，也是优良的切叶材料。

花果期： 花期7～8月。

观赏价值： ★★★★★

蜘蛛抱蛋（一叶兰） *Aspidistra elatior*

科属： 百合科蜘蛛抱蛋属。

特征： 多年生草本。叶单生，彼此相距1～3cm，矩圆状披针形、披针形至近椭圆形，长22～46cm，宽8～11cm，先端渐尖，基部楔形，边缘多少皱波状，两面绿色，有时稍具黄白色斑点或条纹；叶柄明显，粗壮，长5～35cm。总花梗长0.5～2cm；花被钟状，长12～18mm，直径10～15mm。

来源： 栽培。原产我国和日本。

观赏特性与用途： 叶形挺拔整齐，叶色浓绿光亮，姿态优美，极耐阴，是室内、林下地被优良的观叶植物。

花果期： 花期4～5月，但少见开花。

观赏价值： ★★★★

弯蕊开口箭 *Campylandra wattii*

科属： 百合科开口箭属。

特征： 多年生草本。根状茎长，下部多少弯曲，圆柱形，直径0.8～1.2cm。叶3～10枚生于茎上，纸质，窄椭圆形、椭圆状披针形，长6.5～20cm，宽3～7cm；叶柄长3～9cm，基部抱茎。穗状花序直立或外弯，长2.5～6cm。浆果球形，红色，直径9～11mm。

来源与生境： 野生。生于密林下阴湿处或溪边和山谷旁。

观赏特性与用途： 株形小巧，茎叶翠绿，可丛植观赏或片植作地被。

花果期： 花期2～5月，果期次年1～4月。

观赏价值： ★★★

吊兰 — *Chlorophytum comosum*

科属: 百合科吊兰属。

特征: 多年生草本。根状茎短，根稍肥厚。叶剑形，绿色，长10～30cm，宽1～2cm，向两端稍变狭。花葶比叶长，常变为匍匐枝而在近顶部具叶簇或幼小植株；花白色，常2～4朵簇生；花被片长7～10mm，3脉。蒴果三棱状扁球形，长约5mm。

来源: 栽培。原产非洲南部，各地广泛栽培。

观赏特性与用途: 株形秀巧，叶形秀雅，可盆栽、吊垂观赏。常见栽培品种有：'金边'吊兰（*Chlorophytum comosum* 'Variegatum'），叶边缘黄色，中间绿色；'中斑'吊兰（*Chlorophytum comosum* 'Vittatum'），叶边缘绿色，中间黄色。

花果期: 花期5月，果期8月。

观赏价值: ★★★★

朱蕉 — *Cordyline fruticosa*

科属: 百合科朱蕉属。

特征: 常绿灌木。不分枝或少分枝。叶绿色或紫红色，聚生茎顶，2列，披针状椭圆形或长圆形，长30～60cm，宽5～10cm，基部渐窄成柄；叶柄长10～16cm，基部抱茎。圆锥花序生于茎上部叶腋，长20～60cm，多分枝；花淡红色至青紫色至黄色，长0.8～1cm，花梗长2～5mm。浆果球形，具1粒种子。

来源: 栽培。原产热带亚洲至大洋洲。

观赏特性与用途: 株形优美，叶色绚丽斑斓，为丛植或片植，亦可盆栽观赏。

花果期: 花期11月至次年3月。

观赏价值: ★★★★★

山菅（山菅兰） *Dianella ensifolia*

科属： 百合科山菅属。

特征： 多年生草本。根状茎圆柱状，横走，粗5～8mm。叶狭条状披针形，长30～80cm，宽1～2.5cm，基部稍收狭成鞘状，套叠或抱茎，边缘和背面中脉具锯齿。顶端圆锥花序长10～40cm，分枝疏散；花梗长7～20mm；花被片条状披针形，长6～7mm，绿白色、淡黄色至青紫色。浆果近球形，深蓝色，直径约6mm。

来源与生境： 野生。生于林下、山坡或草丛中。

观赏特性与用途： 株形美观，果实艳丽，可丛植观赏或片植为地被。

花果期： 花果期3～8月。

观赏价值： ★★

'花叶'山菅 *Dianella tasmanica* 'Variegata'

科属： 百合科山菅属。

特征： 多年生草本。叶狭条状披针形，基部稍收狭成鞘状，套叠或抱茎，边缘具锯齿，叶片具黄白色纵条纹。圆锥花序，花多朵，绿白色，淡黄色到青紫色。

来源： 栽培。园林栽培品种。

观赏特性与用途： 株形秀雅，叶色美观，可丛植观赏或片植为地被。

花果期： 花果期3～8月。

观赏价值： ★★★★★

萱草　　　　　　　　　　*Hemerocallis fulva*

科属： 百合科萱草属。

特征： 多年生草本。根近肉质，中下部有纺锤状膨大。叶线形。花早上开，晚上凋谢，无香味，橘红色至橘黄色，内花被裂片下部一般有"Λ"形彩斑。

来源： 栽培。原产我国。

观赏特性与用途： 株形秀美，叶色青翠，花色鲜艳，可丛植观赏或片植为观花地被。

花果期： 花果期5～7月。

观赏价值： ★★★★

波叶玉簪　　　　　　　　*Hosta undulate*

科属： 百合科玉簪属。

特征： 多年生草本。株高30～60cm。叶基生成丛，叶片长卵形，叶缘微波状，浓绿色，叶面有乳黄色或白色纵纹及斑块。顶生总状花序，花莛出叶，着花5～9朵，淡蓝紫色。

来源： 栽培。原产我国和日本。

观赏特性与用途： 株形秀美，叶面有斑纹，色泽光亮，花形奇特，花色洁白，是优良的观叶观花植物，可作林下地被植物，或布置花境，也可盆栽观赏。

花果期： 花期7～8月。

观赏价值： ★★★★★

禾叶山麦冬 — *Liriope graminifolia*

科属: 百合科山麦冬属。

特征: 多年生草本。根状茎短或稍长,具地下走茎。叶长20～50cm,宽2～3mm,具5条脉,近全缘,基部常有残存的枯叶或有时撕裂成纤维状。花莛通常稍短于叶,总状花序长6～15cm,具许多花;花通常3～5朵簇生于苞片腋内;花梗长约4mm,关节位于近顶端;花被片长3.5～4mm,白色或淡紫色。

来源: 栽培。原产我国。

观赏特性与用途: 四季常绿,覆盖性好,可片植作地被植物,或用作园林边缘装饰。

花果期: 花期6～8月,果期9～11月。

观赏价值: ★★★★

'银纹'沿阶草 — *Ophiopogon intermedius* 'Argenteo-marginatus'

科属: 百合科沿阶草属。

特征: 多年生草本。丛生,具块状的根状茎。叶基生,禾叶状,长15～50cm,边缘具细齿,叶片具银白色条纹。花莛长20～50cm,通常短于叶;总状花序具15～20余朵花;花白色。

来源: 栽培。栽培品种,华南常见栽培。

观赏特性与用途: 喜湿润及阳光充足的环境,耐阴。为优良的观叶植物,可片植作地被,也可用作花坛、花带作镶边植物。

花果期: 花期6～8月,果期8～10月。

观赏价值: ★★★★★

麦冬 | *Ophiopogon japonicus*

科属: 百合科沿阶草属。

特征: 多年生草本。根较粗,中间或近末端常膨大成纺锤形的小块根;地下走茎细长。叶基生成丛,禾叶状,长10~50cm,宽1.5~3.5mm,具3~7条脉,边缘具细锯齿。花莛长6~15(~27)cm,常比叶短,总状花序长2~5cm,或有时更长些,具几朵至十几朵花;花单生或成对着生于苞片腋内;花梗长3~4mm;花被白色或淡紫色。

来源: 栽培。原产我国。

观赏特性与用途: 四季常绿,覆盖性好,小花及果实均有一定的观赏性,可栽作地被或园林镶边植物。

花果期: 花期5~8月,果期8~9月。

观赏价值: ★★★★

'矮'麦冬('玉龙草'、'矮'沿阶草) | *Ophiopogon japonicus* 'Kyoto'

科属: 百合科沿阶草属。

特征: 麦冬的栽培品种,多年生草本。植株低矮。叶短小,长约10cm。

来源: 栽培。

观赏特性与用途: 四季常绿,覆盖性好,可用于宽石缝、透水砖地面覆盖植物。

观赏价值: ★★★★

凤眼蓝（凤眼莲、水葫芦） *Eichhornia crassipes*

科属：雨久花科凤眼蓝属。
特征：多年生浮水草本。须根发达；茎极短，具长匍匐枝。叶在基部丛生，莲座状；叶片圆形，长4.5～14.5cm，全缘；叶柄中部膨大成囊状，内有许多气室。穗状花序长17～20cm，通常具9～12朵花；花冠两侧对称，直径4～6cm，紫蓝色，花被裂片6枚，花瓣状，上方1枚裂片较大，长约3.5cm，四周淡紫红色，中间蓝色，在蓝色的中央有1黄色圆斑。
来源：野生。原产巴西。
观赏特性与用途：植株形态和花色奇特，观赏价值高，可用于水体美化，但入侵性较强，需控制性应用。
花果期：花期7～10月，果期8～11月。
观赏价值：★★★

梭鱼草 *Pontederia cordata*

科属：雨久花科梭鱼草属。
特征：多年生挺水草本。株高40～80cm。基生叶广卵圆状心形，顶端急尖或渐尖，基部心形，全缘，叶面绿色有光泽。总状花序顶生，由10余朵花组成，花蓝色。蒴果。
来源：栽培。原产北美。
观赏特性与用途：喜光，喜湿。株形秀美，叶色墨绿，花色清幽，为优良的湿地观赏植物，可用于湖泊、池塘、溪谷浅水处的绿化美化。
花果期：花果期7～10月。
观赏价值：★★★★★

金钱蒲（石菖蒲） *Acorus gramineus*

科属：天南星科菖蒲属。

特征：多年生草本。根茎粗2～5mm，根肉质，植株丛生状。叶无柄，叶片薄，基部两侧膜质叶鞘宽可达5mm；叶片线形，长20～30（50）cm，基部对折，中部以上平展，宽7～13mm，先端渐狭，无中肋。花序腋生，长4～15cm；叶状佛焰苞长13～25cm；肉穗花序圆柱状，长4～8cm，粗4～7mm。花白色。

来源：野生。生于溪谷石隙或阴湿的石上。

观赏特性与用途：喜湿，喜光照，也耐阴。株丛清秀，可用于假山石景或溪谷绿化，也可盆栽观赏。

花果期：花果期2～6月。

观赏价值：★★★

海芋

Alocasia odora

科属：天南星科海芋属。

特征：多年生草本，植株大小变异大。叶多数，叶柄粗厚；叶片亚革质，箭状卵形，边缘波状，长50～90cm，宽40～90cm，或更大。花序柄2～3枚丛生；佛焰苞管部绿色，长3～5cm，粗3～4cm；檐部略下弯，先端喙状；肉穗花序芳香，雌花序白色，长2～4cm，不育雄花序绿白色，长（2.5～）5～6cm，能育雄花序淡黄色，长3～7cm。浆果红色。

来源与生境：野生。生于林下、溪谷、林缘路边。

观赏特性与用途：株形雅致，叶大美观，叶色翠绿，花形奇特，果色红艳，可栽作林下地被，亦可盆栽供室内观赏。

花果期：全年可开花。

观赏价值：★★★★

花烛（红掌）

Anthurium andraeanum

科属： 天南星科花烛属。

特征： 多年生草本。茎矮。叶互生，革质，有光泽，阔心形、圆心形，长12～30cm，宽10～20cm，先端钝或渐尖，基部深心形。肉穗花序有细长花序梗，佛焰苞深红色或橘红色，心形，先端有细长尖尾；肉穗花序淡黄色，直立，圆柱形，花多数，密生轴上。

来源： 栽培。原产墨西哥。

观赏特性与用途： 喜半阴，品种繁多，佛焰苞极为独特，色泽丰富，多用于插花及盆栽，也可片植作地被。

花果期： 花期多在冬季。

观赏价值： ★★★★★

野芋

Colocasia esculentum var. *antiquorum*

科属： 天南星科芋属。

特征： 多年生草本。块茎球形。叶柄肥厚，直立，长可达1.2m；叶片薄革质，盾状卵形，基部心形，长达50cm以上。花序柄比叶柄短许多；佛焰苞苍黄色，长15～25cm；檐部狭长的线状披针形，先端渐尖；肉穗花序短于佛焰苞：雌花序与不育雄花序等长，长2～4cm；子房具极短的花柱。

来源与生境： 野生。生于溪边或林下阴湿处。

观赏特性与用途： 株形秀美，叶片宽阔，叶色青翠，可片植作沼泽地被。

花果期： 花期6～8月，果期9～10月。

观赏价值： ★★

绿萝（黄葛）

科属： 天南星科麒麟叶属。

特征： 多年生草质藤本。茎攀缘，节间具纵槽；多分枝，枝悬垂。下部的叶片长5～10cm，上部的长6～8cm，纸质，宽卵形，基部心形；成熟枝上叶柄粗壮，长30～40cm；叶面翠绿色，常有黄色斑块，全缘，基部深心形，长32～45cm，宽24～36cm。

来源： 栽培。原产所罗门群岛。

观赏特性与用途： 喜半阴，易无性繁殖，附生性强；可用于攀缘墙垣、山石或树干上作观叶植物，极为美丽，亦可盆栽室内观赏或片植作地被。

观赏价值： ★ ★ ★ ★ ★

龟背竹

科属： 天南星科龟背竹属。

特征： 常绿攀缘灌木。茎绿色，粗壮，有苍白色的半月形叶迹。叶柄长达1m，对折抱茎；叶片大，轮廓心状卵形，宽40～60cm，厚革质，边缘羽状分裂，侧脉间有1～2个较大的空洞。佛焰苞厚革质，近直立，长20～25cm；肉穗花序近圆柱形，长17.5～20cm，粗4～5cm，淡黄色。

来源： 栽培。原产墨西哥。

观赏特性与用途： 株形美观，叶形奇特，叶色翠绿，为立体绿化的优良材料，适合树干或墙垣绿化，也可盆栽观赏。

花果期： 花期8～9月，果于次年花期之后成熟

观赏价值： ★ ★ ★ ★ ★

春羽

Philodendron selloum

科属： 天南星科喜林芋属。

特征： 多年生草本。株高80～100cm。叶柄长达40～50cm；全叶羽状深裂，裂片边缘波状不平，革质。花单性，肉穗花序稍短于佛焰苞，佛焰苞乳白色。种子外皮红色。

来源： 栽培。原产于南美洲。

观赏特性与用途： 株形优美，叶形奇特，叶色墨绿，可丛植观赏或片植作地被，也可作盆栽供室内观赏。

花果期： 花期4～6月，盆栽少开花。

观赏价值： ★★★★★

仙羽蔓绿绒（小天使喜林芋） *Philodendron xanadu*

科属： 天南星科喜林芋属。

特征： 多年生草本。株高50～90cm。叶片轮廓呈长椭圆形，羽状深裂，裂片披针形，革质。佛焰苞下部红色，上部黄绿色；肉穗花序白色。浆果。

来源： 栽培。原产巴西。

观赏特性与用途： 喜湿润环境。叶片奇特，四季常绿，可片植为林下地被或盆栽观赏。

花果期： 花期春季。

观赏价值： ★★★★

大藻（水浮莲） *Pistia stratiotes*

科属： 天南星科大藻属。

特征： 水生漂浮草本。叶簇生成莲座状，叶片常因发育阶段不同而形异：倒三角形、倒卵形、扇形，以至倒卵状长楔形，长1.3～10cm，宽1.5～6cm，先端截头状或浑圆，基部厚，二面被毛；叶脉扇状伸展，背面明显隆起成折皱状。佛焰苞白色，长约0.5～1.2cm，外被茸毛。

来源与生境： 野生。原产南美洲，现逸为野生。生于河流、池塘、湖泊等水体。

观赏特性与用途： 植株形态奇特，观赏价值高，可用于水体绿化美化。入侵性较强，应加强管理。

花果期： 花期5～11月。

观赏价值： ★★★

石柑子 *Pothos chinensis*

科属：天南星科石柑属。

特征：附生草质藤本。分枝，枝下部常具鳞叶1枚，长4～8cm，宽3～7mm。叶片纸质，椭圆形、披针状卵形至披针状长圆形，长6～13cm，宽1.5～5cm，先端渐尖至长渐尖，常有芒状尖头，基部钝；叶柄倒卵状长圆形或楔形，长1～4cm，宽0.5～1.2cm，约为叶片大小的1/6。

来源与生境：野生。生于阴湿密林中，常匍匐于岩石上或附生于树干上。

观赏特性与用途：阴生观叶植物，可以附木柱盆栽观赏，或作吊盆、水栽，也可攀缘于假山石景或墙壁，形成垂直绿化景观。

花果期：花果期四季。

观赏价值：★★

狮子尾 *Rhaphidophora hongkongensis*

科属：天南星科崖角藤属。

特征：附生草质藤本。匍匐于地面、石上或攀缘于树上。茎稍肉质，圆柱形，粗0.5～1cm，节间长1～4cm。叶柄长5～10cm；叶片长20～35cm，宽5～6（～14）cm。花序柄长4～5cm；佛焰苞绿色至淡黄色，长6～9cm；肉穗花序圆柱形，长5～8cm，粗1.5～3cm。浆果黄绿色。

来源与生境：野生。常攀附于沟谷内的树干上或石崖上。

观赏特性与用途：阴生观叶植物，可以附木柱盆栽观赏，或作吊盆、水栽，也可攀缘于假山石景或墙壁，形成垂直绿化景观。

花果期：花期4～8月，果次年成熟。

观赏价值：★★★

白鹤芋

Spathiphyllum kochii

科属: 天南星科白鹤芋属。

特征: 多年生草本。植株高大,株高可达1m;茎短。叶片长椭圆形,暗绿色,长30～60cm,宽15～20cm。佛焰苞白色稍带绿色;肉穗花序白色,圆柱形,花密布于轴上。

来源: 栽培。原产美洲热带地区。

观赏特性与用途: 喜阴湿环境。株形秀美,叶形美观,叶色墨绿,花形奇特洁白,可盆栽、丛植观赏或片植作地被。

花果期: 花期春季。

观赏价值: ★ ★ ★ ★ ★

绿巨人 Spathiphyllum 'Sensation'

科属: 天南星科白鹤芋属。

特征: 常绿多年生草本。植株高大,株高可达1m;茎短。叶片长椭圆形,暗绿色,长30~60cm,宽15~20cm。佛焰苞白色稍带绿色;肉穗花序白色,圆柱形,花密布于轴上。

来源: 栽培。园艺品种。

观赏特性与用途: 喜阴湿环境。株形秀美,叶形美观,叶色墨绿,花形奇特洁白,为著名观叶植物,常丛植观赏或片植作地被,亦可盆栽室内观赏。

花果期: 花期春季。

观赏价值: ★★★★★

合果芋 Syngonium podophyllum

科属: 天南星科合果芋属。

特征: 多年生蔓生草本。节部常生有气生根。幼叶具长柄,卵圆形或呈戟状,先端尖,基部近心形或戟形,叶面有白斑;成株叶片5~9裂,裂片椭圆形,先端尖,基部联合,全缘,叶面无白斑。佛焰苞白色,肉穗花序白色,花密集。

来源: 栽培。原产中美洲及南美洲。

观赏特性与用途: 喜潮湿及半阴的环境。株形美观,叶形奇特,生长快,覆盖性好,可用于树干、墙壁绿化,或用于林下地被。

花果期: 花期夏季。

观赏价值: ★★★★★

犁头尖   *Typhonium blumei*

科属: 天南星科犁头尖属。

特征: 多年生草本。块茎球形，直径1～2cm。成年植株叶常4枚；叶柄长20～40cm；叶片戟状三角形或心状戟形，中部宽7～9cm，后裂片外展，长约6cm，弯缺倒V形。佛焰苞初时席卷，檐部长角状，长12cm，盛花时展开，后仰，先端旋曲，内面深紫色，外面绿紫色；肉穗花序无柄。

来源与生境: 野生。生于路边草地、田头、草坡。

观赏特性与用途: 植株矮小，花色冷艳，可盆栽观赏或片植作地被。

花果期: 花期5～7月。

观赏价值: ★★★

香蒲（东方香蒲）   *Typha orientalis*

科属: 香蒲科香蒲属。

特征: 多年生沼生草本。株高1～2m。地下根状茎粗壮，有节；茎直立。叶线形，宽0.5～1cm；叶鞘圆筒形，抱茎，具白色膜质边缘。雌花序和雄花序相连接；雄花序长3～5cm；雌花序长6～14cm，粗1～1.5cm。

来源: 栽培。我国有野生。

观赏特性与用途: 株形挺拔，花序粗壮，酷似香肠，可用于点缀园林水池、湖畔。

花果期: 花果期5～8月。

观赏价值: ★★★★

百子莲

Agapanthus africanus

科属：石蒜科百子莲属。

特征：多年生草本。株高50～70cm。具短缩根状茎。叶二列基生，舌状带形，光滑，浓绿色。花莛自叶丛中抽出，高40～80cm；伞形花序；花被6片联合呈钟状漏斗形，亮蓝色。蒴果，含多数带翅种子。

来源：栽培。原产南非。

观赏特性与用途：株形秀美，叶色翠绿，花形秀丽，花色冷艳，可栽作花境或片植作地被，也盆栽供室内观赏。

花果期：花期7～9月，果期8～10月。

观赏价值：★★★★★

文殊兰　　　　　　　　　　　*Crinum asiaticum* var. *sinicum*

科属: 石蒜科文殊兰属。

特征: 多年生草本。叶20～30枚，带状披针形，长可达1m，宽7～12cm或更宽。花茎直立，几与叶等长；伞形花序有花10～24朵；佛焰苞状总苞片披针形，长6～10cm；小苞片狭线形，长3～7cm；花高脚碟状，芳香，花被管长10cm，绿白色，花被裂片线形，长4.5～9cm，宽6～9mm，白色。蒴果近球形，直径3～5cm。

来源: 栽培。原产我国。

观赏特性与用途: 株形秀美，叶形美观，叶色青翠，花姿优美，花色洁白素雅，可丛植或片植作地被，亦可盆栽观赏。

花果期: 花期夏季。

观赏价值: ★★★★

朱顶红　　　　　　　　　　　*Hippeastrum rutilum*

科属: 石蒜科朱顶红属。

特征: 多年生草本。鳞茎近球形，直径5～7.5cm。叶6～8枚，花后抽出，带形，长约30cm，基部宽约2.5cm。花茎中空，高约40cm，宽约2cm，具有白粉；花2～4朵；佛焰苞状总苞片披针形，长约3.5cm；花被管绿色，圆筒状，长约2cm，花被裂片长约12cm，宽约5cm，红色，略带绿色；雄蕊6枚，长约8cm。

来源: 栽培。原产巴西。

观赏特性与用途: 株形秀美，叶色青翠，花大美丽，可盆栽观或片植作地被。

花果期: 花期夏季。

观赏价值: ★★★★★

水鬼蕉（蜘蛛兰） Hymenocallis littoralis

科属：石蒜科水鬼蕉属。

特征：多年生草本。叶10～12枚丛生，剑形，长45～75cm，宽2.5～6cm，顶端急尖，无柄。花茎高30～80cm；佛焰苞状总苞片长5～8cm，基部极阔；花茎顶端生花3～8朵，白色；花被管纤细，花被裂片线形，通常短于花被管；杯状体（雄蕊杯）钟形或阔漏斗形，长约2.5cm，花丝分离部分株形秀美，叶形美观，叶色青翠，花姿优美，花色洁白素雅，可丛植或片植作地被，亦可盆栽观赏。

来源：栽培。原产美洲热带。

观赏特性与用途：株形秀美，叶形美观，叶色青翠，花姿优美，花色洁白素雅，可丛植或片植作地被，亦可盆栽观赏。

花果期：花期夏末秋初。

观赏价值：★★★★★

紫娇花　　　　　　　　*Tulbaghia violacea*

科属： 石蒜科紫娇花属。

特征： 多年生球根花卉。株高30~50cm，成株丛生状。叶狭长线形，茎叶均含韭味。顶生聚伞花序，花茎细长，自叶丛抽生而出，着花十余朵，花粉紫色，芳香。

来源： 栽培。原产南非。

观赏特性与用途： 花娇小可爱，清新宜人，可片植作地被或带植作花境。

花果期： 花期春季至秋季。

观赏价值： ★★★★★

葱莲　　　　　　　　*Zephyranthes candida*

科属: 石蒜科葱莲属。

特征: 多年生球根草本。鳞茎卵形，直径约2.5cm，具有明显的颈部，颈长2.5～5cm。叶狭线形，肥厚，亮绿色，长20～30cm，宽2～4mm。花茎中空；花单生于花茎顶端；花梗长约1cm；花白色，外面常带淡红色；几无花被管，花被片6枚，长3～5cm，宽约1cm；雄蕊6枚。

来源: 栽培。原产南美洲。

观赏特性与用途: 花叶美丽幽雅，宜用于布置花坛或片植作地被或盆栽观赏。

花果期: 花期秋季。

观赏价值: ★★★★★

韭莲（风雨花）　　　　　*Zephyranthes carinata*

科属: 石蒜科葱莲属。

特征: 多年生球根草本。鳞茎卵球形，直径2～3cm。基生叶常数枚簇生，线形，扁平，长15～30cm，宽6～8mm。花单生于花茎顶端，下有佛焰苞状总苞，总苞片常带淡紫红色，长4～5cm，下部合生成管；花梗长2～3cm；花红色；花被片6枚，长3～6cm；雄蕊6枚，花药"丁"字形着生；花柱细长，柱头深3裂。蒴果近球形；种子黑色。

来源: 栽培，有逸为野生的。原产南美洲。

观赏特性与用途: 花大色艳，花枝柔软，随风摇曳，可片植作地被，或用于布置花坛、花台，亦可盆栽观赏。

花果期: 花期夏秋季。

观赏价值: ★★★★★

雄黄兰　　　　　　　　*Crocosmia × crocosmiiflora*

科属： 鸢尾科雄黄兰属。

特征： 多年生草本。株高50～100cm。球茎扁圆球形。叶多基生，剑形，长40～60cm，基部鞘状；茎生叶较短而狭，披针形。花茎常2～4分枝，由多花组成疏散的穗状花序；花两侧对称，橙黄色，花被管略弯曲，花被裂片6枚，2轮排列，披针形或倒卵形。蒴果三棱状球形。

来源： 栽培。园艺杂交种。

观赏特性与用途： 性喜光、耐瘠，适应性较强；花清新美丽，开花量较大，可丛植或片植于篱前、路边、山石边或疏林下。

花果期： 花期7～8月，果期8～10月。

观赏价值： ★★★★★

射干　　　　　　　　*Iris domestica*

科属： 鸢尾科鸢尾属。

特征： 多年生草本。叶互生，嵌迭状排列，剑形，长20～60cm，宽2～4cm，基部鞘状抱茎，无中脉。花序顶生，叉状分枝；花梗细；花橙红色，散生紫褐色的斑点，直径4～5cm；花被裂片6枚，2轮排列，长约2.5cm，宽约1cm；雄蕊3枚。蒴果长2.5～3cm，直径1.5～2.5cm；种子圆球形，黑紫色，有光泽，直径约5mm。

来源： 栽培。国内广泛分布。

观赏特性与用途： 小花繁茂，清新雅致，极具观赏性，可用于林缘、路边、墙边大片种植，也可用于庭院阶前、花境、岩石园美化。

花果期： 花期6～8月，果期7～9月。

观赏价值： ★★★★

花菖蒲　　　　　　　*Iris ensata* var. *hortensis*

科属：鸢尾科鸢尾属。

特征：多年生草本。叶宽条形，长50～80cm，宽1～1.8cm，中脉明显而突出。花茎高约1m，苞片近革质，花的颜色由白色至暗紫色，斑点及花纹变化甚大，单瓣以至重瓣。

来源：栽培。原产欧洲，品种多。

观赏特性与用途：株形挺拔，色泽美观，适合公园、绿地、景区等丛植或片植绿化。

花果期：花期5～7月，果期6～9月。

观赏价值：★★★★★

巴西鸢尾　　　　　　　*Iris gracilis*

科属：鸢尾科鸢尾属。

特征：多年生草本。株高30～50cm。叶片二列，带状剑形。花茎高于叶片，花被片6枚，外3片白色，基部淡黄色，带深褐色斑纹，内3片前端蓝紫色，带白色条纹，基部褐色。蒴果。

来源：栽培，原产巴西。

观赏特性与用途：喜光，耐半阴。株形秀美，花叶俱美，适应性极好，常片植作地被，也可盆栽观赏。

花果期：花期春季至夏季。

观赏价值：★★★★★

黄菖蒲 | *Iris pseudacorus*

科属： 鸢尾科鸢尾属。

特征： 多年生水生草本。基生叶灰绿色，宽剑形，长40～60cm，宽1.5～3cm，基部鞘状，中脉明显。花茎粗壮，高60～70cm；花黄色，直径10～11cm；花梗长5～5.5cm；花被管长1.5cm，外花被裂片卵圆形或倒卵形，长约7cm；子房绿色，三棱状柱形。

来源： 栽培。原产欧洲。

观赏特性与用途： 株形美观，花金黄艳丽，可丛植或片植于水体的浅水处或用于湿地绿化。

花果期： 花期5月，果期6～8月。

观赏价值： ★★★★★

酒瓶兰 | *Beaucarnea recurvata*

科属： 龙舌兰科酒瓶兰属。

特征： 常绿小乔木或灌木。株高一般2～3m；茎干直立，下部肥大似酒瓶。叶丛生茎干顶端，细长线形，长达2m，柔软而下垂，全缘或有细齿。圆锥花序大型，花色乳白。果实具长柄。

来源： 栽培。原产墨西哥及美国。

观赏特性与用途： 性喜温暖及日光充足环境，耐旱。株形美观，茎干奇特，叶簇优美，是著名的观形观叶植物，常盆栽观赏或用于庭园绿化。

花果期： 花期春季。

观赏价值： ★★★★★

海南龙血树（小花龙血树） | *Dracaena cambodiana*

科属： 龙舌兰科龙血树属。

特征： 常绿乔木植物。树皮带灰褐色，幼枝有密环状叶痕。叶聚生于茎、枝顶端，几乎互相套叠，剑形，薄革质，长达70cm，宽1.5～3cm，向基部略变窄而后扩大，抱茎，无柄。圆锥花序长在30cm以上；花每3～7朵簇生，绿白色或淡黄色。浆果直径约1cm。

来源： 栽培。原产海南岛。

观赏特性与用途： 枝干苍劲古朴，叶片翠绿密生，是优良的观叶观形植物，可孤植或丛植观赏。

花果期： 花期7月。

观赏价值： ★★★★

保护等级： 国家二级重点保护野生植物。

香龙血树（巴西铁、金心巴西铁） | *Dracaena fragrans*

科属： 龙舌兰科龙血树属。
特征： 常绿乔木状或灌木状植物。高达6m；茎粗大；盆栽高50～100cm。叶片宽大，簇生于茎顶，长椭圆状披针形，无柄；叶长40～90cm，宽6～10cm，弯曲成弓形，叶缘呈波状起伏，叶尖稍钝；鲜绿色，有光泽。花序穗状，花小，芳香。
来源： 栽培。原产非洲。

观赏特性与用途： 植株挺拔清雅，可盆栽，也可孤植或列植观赏。
花果期： 花期1～3月。
观赏价值： ★★★★★

红边龙血树（千年木） | *Dracaena marginata*

科属： 龙舌兰科龙血树属。
特征： 常绿灌木。株高达5m。叶簇生枝端，无柄，基部抱茎，厚；叶片细长狭剑形，长40～60cm，新叶向上伸长，老叶下垂，叶中间绿色，叶缘有紫红色或鲜红色条纹，有光泽。圆锥花序长。
来源： 栽培。原产马达加斯加。

观赏特性与用途： 耐阴；株形清秀，叶色美丽，适合群植造景，也可盆栽观赏。
观赏价值： ★★★★★

巨麻（万年麻、黄纹巨麻、缝线麻） *Furcraea foetida*

科属： 龙舌兰科巨麻属。

特征： 多年生草本。茎不明显。叶剑形，长1～1.8m，宽10～15cm，叶呈放射状生长，先端尖；新叶近金黄色，具绿色纵纹，老叶绿色，具金黄色纵纹。伞形花序，可高达5～7m，小花黄绿色，花梗上会出现大量幼株。

来源： 栽培。原产美洲。

观赏特性与用途： 株形秀丽，叶色美丽，黄绿相间，观赏性极佳。可盆栽供室内观赏或群植造景。

花果期： 花期初夏。

观赏价值： ★★★★★

虎尾兰（虎皮兰） *Sansevieria trifasciata*

科属： 龙舌兰科虎尾兰属。

特征： 多年生草本。有横走根状茎。叶基生，簇生，直立，硬革质，扁平，长条状披针形，长30～70（～120）cm，宽3～5（～8）cm，有白绿和深绿相间的横带斑纹，边缘绿色，向下部渐狭成长短不等的、有槽的柄。花淡绿色或白色，每3～8朵簇生，排成总状花序。

来源： 栽培。原产非洲西部。

观赏特性与用途： 喜光，耐干旱贫瘠，怕涝。叶片坚挺，叶色奇特，可丛植或片植观赏，也可盆栽观赏。

花果期： 花期11～12月。

观赏价值： ★★★★

金边虎尾兰 — *Sansevieria trifasciata* var. *laurentii*

科属: 龙舌兰科虎尾兰属。

特征: 多年生草本。株高60～90cm，冠幅90～120cm。叶莲座状簇生，叶片狭长，先端急尖，有小尖齿，边缘有小齿，叶绿色，边缘金黄色。穗状花序，直立，高4～5m，花黄绿色。

来源: 栽培。原产非洲西部。

观赏特性与用途: 适应性强，喜光耐旱，但怕涝。叶片坚挺，叶色奇特，可丛植或片植观赏，也可盆栽观赏。

花果期: 花期春季。

观赏价值: ★★★★★

假槟榔 — *Archontophoenix alexandrae*

科属: 棕榈科假槟榔属。

特征: 常绿乔木状。茎粗约15cm，圆柱状，基部略膨大。叶羽状全裂，生于茎顶，长2～3m；羽片呈2列排列，线状披针形，长达45cm，宽1.2～2.5cm，中脉明显；叶鞘绿色，膨大而抱茎。花序生于叶鞘下，呈圆锥花序式，下垂，长30～40cm，多分枝，具2个鞘状佛焰苞；花雌雄同株，白色。果实卵球形，红色，长12～14mm。

来源: 栽培。原产澳大利亚。

观赏特性与用途: 树干挺拔，羽叶翠绿，果实红丽，可列植或群植观赏。

花果期: 花期4月，果期4～7月。

观赏价值: ★★★★★

三药槟榔　　　　　*Areca triandra*

科属： 棕榈科槟榔属。

特征： 常绿灌木状至乔木状。茎丛生，直径2.5～4cm，具明显的环状叶痕。叶羽状全裂，长1m或更长，约17对羽片，羽片长35～60cm或更长，宽4.5～6.5cm。佛焰苞1个，光滑，长30cm或更长，开花后脱落。果实卵状纺锤形，长约3.5cm，直径约1.5cm；果熟时由黄色变为深红色。

来源： 栽培。原产南亚至东南亚。

观赏特性与用途： 植株丛生，叶裂奇特，青翠浓绿，姿态优雅，果实鲜红，在翠绿的叶丛衬托下特别醒目，具浓厚的热带风光气息，可列植成树篱或群植观赏。

花果期： 果期8～9月。

观赏价值： ★★★★★

鱼尾葵　　　　　*Caryota maxima*

科属： 棕榈科鱼尾葵属。

特征： 常绿乔木状。茎单生，直径可达35cm以上，绿色，具环状叶痕。叶长3～4m；羽片长15～60cm，宽3～10cm，互生，外缘笔直，内缘上半部或1/4以上弧曲成不规则齿缺，且延伸成短尖或尾尖。花序长3～5m，具多数穗状分枝花序。果实球形，成熟时红色，直径1.5～2cm。

来源： 栽培。原产我国。

观赏特性与用途： 小叶形似鱼尾，因而得名。树体挺拔，叶形奇特，花序果序壮观，果实如圆珠成串，是优良的观赏树种，可栽作园景树或行道树。

花果期： 花期5～7月，果期8～11月。

观赏价值： ★★★★★

短穗鱼尾葵 — *Caryota mitis*

科属：棕榈科鱼尾葵属。

特征：常绿小乔木状。丛生，直径8～15cm；茎绿色。叶长3～4m；羽片呈楔形或斜楔形，外缘笔直，内缘1/2以上弧曲成不规则齿缺，且延伸成尾尖或短尖；叶鞘边缘具网状棕黑色纤维。花序短，长25～40cm，具密集穗状的分枝花序。果球形，直径1.2～1.5cm，成熟时紫红色。

来源：栽培。原产我国南部和亚洲热带地区。

观赏特性与用途：株形优美，叶形奇特，叶色墨绿，可列植作树篱或群植观赏。

花果期：花期4～6月，果期8～11月。

观赏价值：★★★★★

袖珍椰子（袖珍椰） — *Chamaedorea elegans*

科属：棕榈科袖珍椰属。

特征：常绿灌木。茎干细长，深绿色，一般高不及1m。叶生于茎顶，羽状全裂，裂片披针形，有光泽，长14～22cm，宽2～3cm。雌雄异株；花序腋生，花黄色，呈小球状。浆果球形，径约0.7cm，橙黄色。

来源：栽培。原产于墨西哥和危地马拉。

观赏特性与用途：耐阴性强；形态小巧玲珑，美观别致，适宜供室内布置盆栽。

花果期：花期春季。

观赏价值：★★★★★

散尾葵 | *Dypsis lutescens*

科属: 棕榈科马岛椰属。

特征: 常绿丛生灌木。茎粗4~5cm；干光滑，黄绿色，幼时被蜡粉，节环明显。羽状复叶，全裂，长约1.5m；羽片40~60对，2列，披针形，长35~50cm，宽1.2~2cm；叶柄及叶轴光滑，黄绿色，上面具沟槽。花序生于叶鞘之下，呈圆锥花序式，多分枝，雌雄同株；花小。果长圆状椭圆形，长1.5~1.8cm，直径0.8~1cm，土黄色。

来源: 栽培。原产马达加斯加。

观赏特性与用途: 树形优美，叶色翠绿，可盆栽用于室内绿化，亦常栽于园林中。

花果期: 花期5月，果期8月。

观赏价值: ★★★★★

蒲葵 | *Livistona chinensis*

科属: 棕榈科蒲葵属。

特征: 常绿乔木状。树干直径30cm，基部常膨大。叶扇形，直径达1m余，掌状深裂至中部，裂片线状披针形，基部宽4~4.5cm，成长达50cm的丝状下垂的小裂片；叶柄长1~2m，下部两侧有黄绿色下弯短刺。花序呈圆锥状，粗壮，长达1m，有6个分枝花序。果实椭圆形，状如橄榄，长1.8~2.2cm，直径1~1.2cm，蓝黑色。

来源: 栽培。原产我国和中南半岛。

观赏特性与用途: 嫩叶可编制葵扇；老叶制蓑衣。

花果期: 花果期4月。

观赏价值: ★★★★

江边刺葵（美丽针葵）　　*Phoenix roebelenii*

科属：棕榈科刺葵属。

特征：常绿灌木状。树干直径达10cm。茎单生或丛生，有宿存的三角状的叶柄基部。叶长1~1.5m；羽片线形，长20~40cm，宽5~15mm，呈2列排列，下部羽片变成细长的软刺。佛焰苞长30~50cm，仅上部裂成2瓣；分枝花序长而纤细，长达20cm。果实长圆形，长1.4~1.8cm，直径6~8mm。

来源：栽培。原产云南南部。

观赏特性与用途：喜光也耐阴，耐旱也耐涝，株形秀美，叶形奇特，可栽作园景树，亦可盆栽观赏。

花果期：花期4~5月，果期6~9月。

观赏价值：★★★★★

棕竹　　*Rhapis excelsa*

科属：棕榈科棕竹属。

特征：常绿灌木。丛生，直径2~3cm；茎圆柱形，有节，上部被叶鞘，分解成网状纤维。叶掌状深裂，裂片5~10枚，不均等，具2~3条肋脉，在基部1~4cm处连合，长20~32cm或更长，宽2~6cm。花序长约30cm，密被褐色弯卷绒毛。果实球状倒卵形，直径8~10mm。

来源：栽培。原产我国南方。

观赏特性与用途：树形优美，叶秀丽青翠，可丛植或盆栽供室内观赏。

花果期：花期6~7月，果期10~11月。

观赏价值：★★★★★

多裂棕竹

Rhapis multifida

科属: 棕榈科棕竹属。

特征: 常绿灌木。丛生，带鞘茎直径1.5～2.5cm，无鞘茎直径约1cm；叶鞘纤维褐色，较粗壮。叶掌状深裂，扇形，长28～36cm，裂片裂至基部2.5～6cm处，裂片25～32片，线状披针形，每裂片长28～36cm，宽1.5～1.8cm，具2条肋脉。花序二回分枝，长40～50cm。果实球形，直径9～10mm。

来源: 栽培。我国云南、广西有野生。

观赏特性与用途: 树形优美，叶秀丽青翠，可丛植或盆栽供室内观赏。

花果期: 花期5～6月，果期11月。

观赏价值: ★★★★★

王棕（大王椰子）

Roystonea regia

科属: 棕榈科王棕属。

特征: 常绿乔木状。茎直立，高20m；茎具整齐的环状叶鞘痕。叶羽状全裂，长4～5m，叶轴每侧的羽片多达250枚，羽片呈4列排列，线状披针形，顶端浅2裂，长90～100cm，宽3～5cm，顶部羽片较短而狭。花序长达1.5m，多分枝；花小，雌雄同株。果实长约1.3cm，直径约1cm。

来源: 栽培。原产古巴。

观赏特性与用途: 树体壮观，树干通直，叶色墨绿，为世界著名热带观赏树种，可作园景树或行道树。

花果期: 花期3～4月，果期8月。

观赏价值: ★★★★★

丝葵（华盛顿蒲葵、老人葵）　　*Washingtonia filifera*

科属：棕榈科丝葵属。

特征：常绿乔木状。茎单生。叶近圆形，直径2～3m，掌状深裂，裂片50～100枚，线状披针形，长30～40cm，劲直，老叶先端稍下垂，边缘、先端及裂口有多数细长、下垂的丝状纤维；叶柄边缘有红棕色扁的刺齿。果椭圆形，长约1cm，熟时黑色。

来源：栽培。原产美国及墨西哥。

观赏特性与用途：树形奇特，茎干粗壮，叶裂片间具有白色纤维丝，似老翁的白发，又名"老人葵"。宜栽园景树或行道树，适应性强，生长快。

观赏价值：★★★★★

美花石斛　　*Dendrobium loddigesii*

科属：兰科石斛属。

特征：多年生草本。茎柔弱，常下垂；细圆柱形，长10～45cm，粗约3mm，具多节；节间长1.5～2cm。叶纸质，二列，互生于整个茎上，通常长2～4cm，宽1～1.3cm，基部具鞘。花白色或紫红色，每束1～2朵侧生于具叶的老茎上部；唇瓣近圆形，直径1.7～2cm，上面中央金黄色，周边淡紫红色，稍凹的，边缘具短流苏。

来源：栽培。原产我国。

观赏特性与用途：株形美观下垂，花色艳丽可爱，可捆绑栽植于树干、假山营造立体绿化，也可盆栽垂吊观赏。

花果期：花期4～5月。

观赏价值：★★★★★

保护等级：国家二级重点保护野生植物。

铁皮石斛

Dendrobium officinale

科属：兰科石斛属。

特征：多年生草本。茎直立，圆柱形；长9～35cm，粗2～4mm，不分枝，节间长约2cm。叶二列，纸质，长圆状披针形，长3～4（～7）cm，宽9～11（～15）mm；叶鞘常具紫斑。总状花序具2～3朵花；萼片和花瓣黄绿色，长约1.8cm；唇瓣白色，基部具1个绿色或黄色的胼胝体，中部以下两侧具紫红色条纹；唇盘中部以上具1个紫红色斑块。

来源：栽培。原产我国。

观赏特性与用途：著名中药材。株形秀美，花朵繁茂，小型附生植物，可固定栽植于树干、假山营造立体绿化，也可盆栽垂吊观赏。

花果期：花期3～6月。

观赏价值：★★★

保护等级：国家二级重点保护野生植物。

美冠兰

Eulophia graminea

科属：兰科美冠兰属。

特征：多年生草本。地生草本。假鳞茎圆锥形或近球形，多少露出地面。叶3～5片，花后出叶，线形或线状披针形，长15～35cm，宽0.7～1cm；叶柄套叠成短的假茎。苞片线状披针形；花橄榄绿色，唇瓣白色，具淡紫红色褶片；中萼片倒披针状线形，长1.1～1.3cm；花瓣近窄卵形，长0.9～1cm，唇瓣长0.9～1cm。蒴果下垂。

来源与生境：野生。生于草坪。

观赏特性与用途：株形秀美，花朵繁密，花形奇特，可盆栽观赏。

观赏价值：★★★

保护等级：广西重点保护野生植物。

文心兰

Oncidium spp.

科属: 兰科文心兰属。

特征: 多年生草本。附生兰或地生兰。假鳞茎大或小，基部为二列排列的鞘所包蔽，顶端生1～4枚叶。叶扁平或圆筒状，革质、肉质至膜质。花序自假鳞茎基部发出，通常大型，多具分枝，花多数，常为黄色。

来源: 栽培。原产中南美洲，现广泛栽培，园林栽培的多为杂交种，品种繁多。

观赏特性与用途: 花色清新，多为靓丽的金黄色，花形酷似翩翩起舞的少女，可附树或附石栽培，也可盆栽观赏或吊盆布置廊架、廊柱。

花果期: 花期春秋季。

观赏价值: ★★★★★

带叶兜兰

Paphiopedilum hirsutissimum

科属: 兰科兜兰属。

特征: 多年生草本。地生或半附生草本。叶基生，二列，5～6枚；叶片带形，革质，长16～45cm，宽1.5～3cm，中脉在背面略呈龙骨状突起，无毛。花莛直立，长20～30cm，被深紫色长柔毛，顶端生1花；花较大，萼片、花瓣有浓密的紫褐色斑点，退化雄蕊与唇瓣色泽相似，有2个白色"眼斑"；萼片长3～4cm。

来源: 栽培。原产我国。

观赏特性与用途: 株形秀美，叶片狭长，叶色墨绿，花形雅致，色彩浓重，花朵开放期长，为优良观花植物，可种植于林下或溪谷阴湿处。

观赏价值: ★★★★

保护等级: 国家二级重点保护野生植物。

蝴蝶兰

科属: 兰科蝴蝶兰属。

特征: 多年生草本。茎很短,常被叶鞘所包。叶片稍肉质,常3～4枚,上面绿色,背面紫色,椭圆形、长圆形或镰刀状长圆形,长10～20cm,宽3～6cm,基部具短而宽的鞘。花序侧生于茎的基部,长达50cm,不分枝或有时分枝;花序柄粗4～5mm;唇瓣3裂,基部具长7～9mm的爪;侧裂片直立,长2cm;中裂片长1.5～2.8cm,先端渐狭并且具2条卷须。

来源: 栽培。原产我国台湾。

Phalaenopsis aphrodite

观赏特性与用途: 花朵繁茂,花形奇特,花色艳丽娇俏,赏花期长,花量大,可固定于树上或盆栽观赏。

花果期: 花期4～6月。

观赏价值: ★★★★★

火焰兰

科属: 兰科火焰兰属。

特征: 多年生草本。茎攀缘,粗壮,质地坚硬,圆柱形,长1m以上,粗约1.5cm,通常不分枝,节间长3～4cm。叶二列,舌形或长圆形,长7～8cm,宽1.5～3.3cm。花序与叶对生;唇瓣3裂;宽4mm,先端近圆形基部具一对肉质、全缘的半圆形胼胝体;中裂片卵形,长5mm,宽2.5mm,先端锐尖,从中部下弯;蕊柱近圆柱形,长约5mm。

来源: 栽培。原产我国。

观赏特性与用途: 花朵繁密,花

Renanthera coccinea

形奇特,花色艳丽,可固定附生于树干、屋顶或棚架顶部,也可盆栽观赏。

花果期: 花期4～6月。

观赏价值: ★★★★

保护等级: 国家二级重点保护野生植物。

灯心草（灯芯草）

Juncus effusus

科属： 灯心草科灯心草属。

特征： 多年生草本。茎丛生，直立，圆柱形，具纵条纹，直径1.5～3（～4）mm，茎内充满白色的髓心。叶全部为低出叶，呈鞘状或鳞片状，包围在茎的基部，长1～22cm；叶片退化为刺芒状。聚伞花序假侧生，含多花；总苞片圆柱形，生于顶端，似茎的延伸，直立；花淡绿色。

来源与生境： 野生，有栽培。生于河边、池旁、水沟、稻田旁、草地及沼泽湿处。

观赏特性与用途： 植株茂密，茎秆挺拔，小巧清秀，依水而生，可用于溪水岸边造景或盆栽观赏。

花果期： 花期4～7月，果期6～9月。

观赏价值： ★★★

风车草（旱伞草）

Cyperus involucratus

科属： 莎草科莎草属。

特征： 多年生草本。根状茎短，粗大。秆稍粗壮，高30～150cm，近圆柱状。苞片20枚，长几相等，较花序长约2倍，宽2～11mm，向四周展开；多次复出长侧枝聚伞花序具多数第一次辐射枝，辐射枝最长达7cm，每个第一次辐射枝具4～10个第二次辐射枝，最长达15cm；小穗密集于第二次辐射枝上端，长3～8mm，压扁。

来源： 栽培。原产于非洲。

观赏特性与用途： 植株茂密，四季常绿，茎秆挺拔，奇特优美，依水而生，可种植于溪水岸边或盆栽，是湿地水体造景常用的观叶植物。

花果期： 花期夏秋季。

观赏价值： ★★★★★

粉单竹　　　　　　　　　　　　　　　　　　*Bambusa chungii*

科属： 禾本科簕竹属。

特征： 秆直立，直径3～7cm；节间长40～100cm，无毛，幼时密被白粉；箨环初时具一圈棕色柔毛。箨鞘矩形，顶端截平或微凹；箨耳矮而宽，长卵圆形，长1～1.5cm；箨舌极矮，高仅1～2mm，顶端截平形或中部凸起呈"山"字形，边缘齿状或具长流苏状毛；箨叶反折，卵状披针形，腹面密生刺毛。每小枝有叶9～11片。

来源： 栽培。原产我国。

观赏特性与用途： 株丛秀美，疏密适中，竹秆挺拔，姿态优美，秆色奇特，可栽作园景树。

观赏价值： ★★★

'小琴丝'竹（'花'孝顺竹）　　　　*Bambusa multiplex* 'Alphonse-Karr'

科属：禾本科簕竹属。

特征：是孝顺竹的栽培品种，秆和枝条节间初时呈红黄色，以后渐变为金黄色，间有宽窄不一的绿色条纹。

来源：栽培。原产我国。

观赏特性与用途：丛态优美，秆色艳丽，为著名园林观赏竹种。

观赏价值：★★★★

'凤尾'竹　　　　*Bambusa multiplex* 'Fernleaf'

科属：禾本科簕竹属。

特征：孝顺竹的栽培种，秆矮小，秆节间空心。秆高2～3m，直径0.5～1cm；叶片细小，长3.3～6.5cm，宽4～7mm。

来源：栽培。原产我国。

观赏特性与用途：枝纤叶小，植株低矮，枝叶细密，耐修剪，可栽作园景树或绿篱，亦可盆栽观赏。

观赏价值：★★★★★

'黄金间碧'竹（'挂绿'竹）　　　*Bambusa vulgaris* 'Vittata'

科属: 禾本科簕竹属。

特征: 龙头竹栽培品种，秆及枝条的节间初时红黄色，以后渐变为金黄色，间有绿色纵条纹。

来源: 栽培。原产我国。

观赏特性与用途: 喜光，适应性强，对土壤要求不严。秆形高大，竹秆金黄色，常交替出现不规则的绿色和浅黄色条纹，著名观赏树种，可成片种植，或栽作园景树。

观赏价值: ★★★★★

'大佛肚'竹　　　*Bambusa vulgaris* 'Wamin'

科属: 禾本科簕竹属。

特征: 龙头竹的栽培品种，秆较矮，高仅2～5m，秆及大多数枝条的节间短缩肿胀。

来源: 栽培。原产我国。

观赏特性与用途: 喜湿润肥沃土壤。节间短缩肿胀呈花瓶状，形态奇特，著名观赏竹种。可栽作园景树，也可盆栽观赏。

观赏价值: ★★★★

麻竹 　　　　　　　　　　　*Dendrocalamus latiflorus*

科属： 禾本科牡竹属。

特征： 秆直立，直径8～15cm，尾梢呈弓形下垂；节间长40～50cm；秆基部数节在秆环及箨环下方各具黄棕色毯毛状毛环。秆箨鲜时绿色，往箨鞘上部逐渐转为淡黄色，箨鞘呈圆口铲状，顶端两肩广圆，鞘口甚窄；箨耳细小，线状曲折，鞘口䍁毛约10条；箨舌微凹；箨叶反折。每小枝有叶6～10片；叶片大型，长30～40cm，宽8～10cm。

来源： 栽培。原产我国。

观赏特性与用途： 适应性广、抗逆性强。竹丛翠绿清秀，可用于园林绿化。竹笋可食用。

观赏价值： ★★

吊丝竹 　　　　　　　　　　　*Dendrocalamus minor*

科属： 禾本科牡竹属。

特征： 秆近直立，直径3～6cm，尾梢呈弓形弯曲下垂；节间长30～40cm，幼秆被白粉，光滑无毛。箨鞘笋期青绿色，成竹后亦为青绿色，顶端两侧广圆；箨耳极微小，易脱落，鞘口䍁毛细弱；箨舌高3～6mm，顶端截平形，边缘被流苏状毛长6～8mm；箨叶反折。每小枝有叶6～8片；叶片长10～25cm，宽1.5～6cm。

来源： 栽培。原产我国。

观赏特性与用途： 较耐旱、喜钙、耐瘠薄。笋味鲜美；竹丛翠绿清秀，可观赏。

观赏价值： ★★★

刚竹　*Phyllostachys sulphurea* var. *viridis*

科属: 禾本科刚竹属。

特征: 乔木或灌木状竹类。秆高可达15m；园林栽培的常小得多，高3～4m，直径1.5～4cm；幼时无毛，微被白粉，绿色或黄绿色；秆环在较粗大的秆中于不分枝的各节上不明显；箨环微隆起。5月中旬出笋。

来源: 栽培。原产我国。

观赏特性与用途: 株形美观，可列植于路边、墙边、屋旁。

观赏价值: ★★

泰竹　*Thyrsostachys siamensis*

科属: 禾本科泰竹属。

特征: 秆直立，竹丛极密。高8～13m，径3～5cm，节间长15～30cm，幼时被白柔毛，秆壁厚，基部近实心，秆环平，节下具高约5mm白色毛环；分枝习性高，主枝不发达。箨鞘宿存，质薄，柔软。

来源: 栽培。原产缅甸和泰国。

观赏特性与用途: 秆直丛密，枝柔叶细，可栽作园景树。

观赏价值: ★★★★

芦竹   *Arundo donax*

科属： 禾本科芦竹属。

特征： 多年生草本。秆粗大直立，直径1.5～2.5（～3.5）cm，坚韧，常生分枝。叶鞘长于节间，无毛或颈部具长柔毛；叶舌截平，长约1.5mm，先端具短纤毛；叶片扁平，长30～50cm，宽3～5cm，上面与边缘微粗糙，基部白色，抱茎。圆锥花序极大型，长30～60（～90）cm，宽3～6cm，分枝稠密。

来源与生境： 栽培，有野生。生于溪谷、河岸、水边。

观赏特性与用途： 株形美观，花序大型，喜水湿，可用于水体浅水处或溪谷湿地栽培。园林栽培品种有'花叶'芦竹（*Arundo donax* 'Versicolor'），叶上有黄白色条纹。

花果期： 花果期9～12月。

观赏价值： ★★★

蒲苇　　　　　　　　　　*Cortaderia selloana*

科属: 禾本科蒲苇属。

特征: 多年生草本，雌雄异株。秆高大粗壮，丛生，高2~3m。叶舌为一圈密生柔毛，毛长2~4mm；叶片质硬，狭窄，簇生于秆基，长达1~3m，边缘具锯齿状粗糙。圆锥花序大型稠密，银白色至粉红色；雌花序较宽大，雄花序较狭窄；小穗含2~3朵小花；外稃顶端延伸成长而细弱之芒。

来源: 栽培。原产于美洲。

观赏特性与用途: 株形优美，银白色花序长而美丽，可用于庭院、花境栽培观赏。栽培品种有'矮'蒲苇（*Cortaderia selloana* 'Pumila'）。

观赏价值: ★★★★

糖蜜草

科属：禾本科糖蜜草属。

特征：多年生草本。植物体被腺毛，有糖蜜味。秆多分枝，基部平卧，于节上生根，上部直立，开花时高可达1m，节上具柔毛。叶鞘短于节间，疏被长柔毛和瘤基毛；叶片线形，长5～10cm，宽5～8mm，两面被毛。圆锥花序开展，长10～20cm，末级分枝纤细，弓曲长约2mm，多少两侧压扁。

来源：栽培。原产非洲。

Melinis minutifora

观赏特性与用途：耐干旱贫瘠，枝繁叶茂，冬季花序变红色，较美观，可用于道路边坡、荒地绿化。

花果期：花果期7～10月。

观赏价值：★★

'细叶'芒

科属：禾本科芒属。

特征：多年生草本。株高120～230cm。叶窄线形，长40～80cm，宽6～10mm，边缘粗糙。圆锥花序，小穗披针形，有光泽。颖果。为芒的栽培种。

来源：栽培。

观赏特性与用途：叶色清秀，姿态雅致，观赏性极佳，是优良的观叶观花植物，可用于水岸边或路边绿化。

花果期：花期8～10月。

观赏价值：★★★★

Miscanthus sinensis 'Gracillimus'

粉黛乱子草

Muhlenbergia capillaris

科属: 禾本科画眉草属。

特征: 多年生草本。株高30～90cm。秆直立或基部倾斜、横卧。叶片细长。圆锥花序呈粉红色或紫红色；小穗细小，含1小花。外稃膜质，主脉延伸成芒。

来源: 栽培。原产北美洲。

观赏特性与用途: 开花时，绿叶为底色，粉紫色花序远看如红云花朵，以片植景观效果最佳。

花果期: 花期9～11月。

观赏价值: ★★★★★

'紫叶'狼尾草（紫叶异狼尾草）

Pennisetum × advena 'Rubrum'

科属: 禾本科狼尾草属。

特征: 株高0.5～1m。叶片线形，长30～40cm，紫红色。圆锥花序直立，花序变垂，紫红色。

来源: 栽培。园艺品种。

观赏特性与用途: 适应性强，花序美观，可片植作地被，丛植点缀园林空间。

花果期: 花果期夏秋季。

观赏价值: ★★★★★

狼尾草　　　　　　　　　*Pennisetum alopecuroides*

科属：禾本科狼尾草属。

特征：多年生丛生草本。秆直立，在花序基部密生柔毛。叶片线形，扁平，长20～50cm，宽1～2cm或者更宽，边缘粗糙。圆锥花序长10～30cm，宽1～3cm；主轴密生长柔毛，直立或稍弯曲；刚毛金黄色、淡褐色或紫色，长1～2cm，生长柔毛而呈羽毛状。

来源：栽培。我国南北各地广泛分布。

观赏特性与用途：适应性强，花序美观，可作地被片植，也可丛植点缀园林空间。

花果期：花果期夏秋季。

观赏价值：★★★★

附 表

广西高峰森林公园各景点观赏植物表

景点		植物种类
南游客中心		大花马齿苋、杜鹃叶山茶、断节莎、粉美人蕉、辐叶鹅掌柴、海桐花、含羞草、红花美人蕉、红花玉蕊、花叶芦竹、花叶艳山姜、环翅马齿苋、黄菖蒲、灰莉、鸡蛋花、夹竹桃、金心巴西铁、锦绣杜鹃、壳菜果、龙船花、蔓花生、美冠兰、美丽异木棉、苹婆、琴叶珊瑚、秋枫、三角梅、山茶花、水鬼蕉、水芹、水生美人蕉、梭鱼草、台琼海桐、桃金娘、铁冬青、乌桕、五星花、细叶萼距花、细长马鞭草、香蒲、小叶榄仁、盐肤木、月季、再力花、樟树、长春花、朱槿、紫锦木、紫娇花
东线	登峰栈道	白茅、斑茅、草珊瑚、垂穗石松、垂序商陆、翠云草、大叶钩藤、地菍、多花野牡丹、粉单竹、枫香树、傅氏凤尾蕨、狗尾草、黄荆、灰毛大青、火炭母、假地豆、假鹰爪、剑叶凤尾蕨、金毛狗、空心泡、马兰、毛稔、南方荚蒾、千里光、山鸡椒、山菅、山乌桕、肾蕨、水锦树、桃金娘、小花山小橘、小叶红叶藤、余甘子、玉叶金花、展毛野牡丹、朱砂根、紫花地丁
东线	拾青栈道	百子莲、波叶玉簪、大薸、大吴风草、大叶钩藤、海芋、黑桫椤、花叶鹅掌藤、花叶冷水花、花叶艳山姜、酒瓶兰、肾蕨、桫椤、紫娇花
东线	星月湖	赤苞花、翠芦莉、大薸、带叶兜兰、杜鹃、桂花、海南龙血树、海芋、红花檵木、狐尾天门冬、花叶鹅掌柴、花叶冷水花、花叶艳山姜、花烛、火焰兰、鸡蛋花、鸡冠花、鸡爪槭、假连翘、金苞花、金毛狗、聚花草、蓝花丹、蓝花楹、凌霄、龙吐珠、轮叶蒲桃、马利筋、马缨丹、美丽异木棉、美人蕉、秋枫、洒金变叶木、三角梅、山茶花、山鸡椒、肾蕨、石菖蒲、台琼海桐、铁冬青、五节芒、细叶萼距花、小叶米仔兰、雄黄兰、绣球、银叶郎德木、羽毛槭、朱蕉、朱槿、紫花风铃木、紫娇花、紫锦木、紫薇、紫叶狼尾草
东线	星空露营	大鹤望兰、杜鹃、粉黛乱子草、桂花、红花檵木、花叶假连翘、花叶日本女贞、花叶艳山姜、黄蝉、灰莉、锦绣杜鹃、蓝花楹、龙船花、罗汉松、马缨丹、千层金、琴叶珊瑚、秋枫、三角梅、三裂蟛蜞菊、散尾葵、山茶花、山鸡椒、台琼海桐、细叶萼距花、细叶粉扑花、羊蹄甲、玉叶金花、珍珠相思树、朱蕉、朱槿、紫锦木、紫叶狼尾草、棕叶芦
东线	油茶膳坊	矮麦冬、巴西莲子草、巴西野牡丹、巴西鸢尾、翠芦莉、大花紫薇、凤凰木、凤尾竹、福建茶、刚竹、葛藤、龟甲冬青、海南龙血树、海桐、海芋、红背桂、红花檵木、花叶艳山姜、黄花风铃木、黄金榕、灰莉、鸡蛋花、鸡冠刺桐、金边龙舌兰、金毛狗、金叶假连翘、壳菜果、狼尾草、麦冬、蔓马缨丹、美人蕉、木豆、木油桐、牛白藤、排钱树、破布叶、蒲苇、朴树、千层金、秋枫、榕树、洒金变叶木、三角梅、铁冬青、万年麻、细叶萼距花、小蜡、小叶榄仁、杨梅、异叶地锦、银纹沿阶草、再力花、樟树、蜘蛛兰、朱蕉、朱槿、紫薇、棕竹
东线	凤翎廊	矮冬麦、百子莲、赤苞花、春羽、翠芦莉、多裂棕竹、非洲凌霄、非洲天冬门、粉绿狐尾藻、粉纸扇、凤凰木、海南龙血树、海芋、含笑花、红背桂花、花叶鹅掌柴、花叶山萱草、花叶艳山姜、黄花夹竹桃、黄槐、灰莉、鸡爪槭、夹竹桃、金边龙舌兰、蓝花楹、马樱丹、蔓马缨丹、千层金、三角梅、山茶花、水翁蒲桃、细叶萼距花、细叶粉扑花、香菇草、小叶米仔兰、萱草、杨梅、银纹沿阶草、银叶郎德木、疣茎乌毛蕨、鸢尾、蜘蛛兰、朱槿、竹芋、紫娇花、紫锦木、紫薇
东线	茶溪别院	澳洲鸭脚木、巴西鸢尾、百子莲、变色络石、彩叶草、赤苞花、春羽、葱兰、翠芦莉、冬红、短蒲苇、非洲凌霄、非洲天门冬、龟甲冬青、海桐、海芋、红花玉芙蓉、花叶假连翘、花叶艳山姜、灰莉、鸡爪槭、夹竹桃、节花竹芋、金苞花、金边龙舌兰、孔雀木、莲、马樱丹、满天星、蔓马樱花、毛杜鹃、美丽异木棉、美人蕉、千层金、柔毛齿叶睡莲、三角梅、射干、梭鱼草、铁冬青、万年麻、西伯利亚鸢尾、细叶粉扑花、香睡莲、袖珍椰子、雪花木、银纹沿阶草、银叶郎德木、疣茎乌毛蕨、蜘蛛兰、朱蕉、朱槿、紫娇花、紫锦木、紫叶狼尾草
西线	蘑菇工坊	百子莲、春羽、大花六道木、风车草、构树、海南龙血树、海芋、狐尾天门冬、花叶日本女贞、花叶艳山姜、黄菖蒲、黄花风铃木、黄荆、火炭母、夹竹桃、姜花、可爱花、凌霄、龙船花、落羽杉、美丽异木棉、千层金、柔毛齿叶睡莲、三角梅、珊瑚树、铁冬青、洋金凤、薏苡、银姬小蜡、朱蕉、紫娇花、棕叶芦
西线	森林嘉年华	巴西野牡丹、巴西鸢尾、翠芦莉、对叶榕、芳香万寿菊、海南龙血树、海桐、海芋、狐尾天冬门、花叶日本女贞、花叶艳山姜、黄荆、鸡爪槭、夹竹桃、金火炬蝎尾蕉、可爱花、蓝花丹、蓝花楹、龙船花、马利筋、蔓马缨丹、美丽异木棉、南美天胡荽、槭叶酒瓶树、千层金、秋枫、三角梅、三裂蟛蜞菊、珊瑚刺桐、铁冬青、五星花、银姬小蜡、鸢尾、月季、钟花樱桃、朱蕉、紫娇花
西线	百鸟林	大果榕、大鹤望兰、杜鹃、短穗鱼尾葵、龟背竹、海南龙血树、海芋、花叶艳山姜、夹竹桃、蓝花丹、落羽杉、蔓马缨丹、美丽异木棉、秋枫、榕树、三角梅、散尾葵、珊瑚刺桐、乌桕、五爪金龙、细叶萼距花、小叶榄仁、洋金凤、月季、蜘蛛兰、紫娇花、紫薇

（续）

景点		植物种类
西线	北游客中心（北门）	扁桃、凤尾竹、构树、龟甲冬青、桂花、海南龙血树、海桐、海芋、红背桂花、花叶假连翘、花叶冷水花、花叶艳山姜、黄金榕、幌伞枫、鸡蛋花、扣树、蓝花楹、罗汉松、落羽杉、美丽异木棉、南洋楹、槭叶酒瓶树、秋枫、人面子、三角梅、山乌桕、水鬼蕉、铁冬青、乌蔹莓、细叶萼距花、野牡丹、月季、展毛野牡丹、樟树、朱蕉、朱槿、紫娇花
一环	精灵王国	巴西莲子草、巴西野牡丹、巴西鸢尾、翠芦莉、大花紫薇、凤凰木、凤尾竹、福建茶、刚竹、葛藤、龟甲冬青、海南龙血树、海桐、海芋、红背桂花、红花檵木、红花美人蕉、花叶艳山姜、黄花风铃木、黄金榕、灰莉、鸡蛋花、鸡冠刺桐、金边龙舌兰、金毛狗、金叶假连翘、壳菜果、狼尾草、麦冬、蔓马缨丹、美冠兰、木豆、木油桐、排钱树、破布叶、蒲苇、朴树、千层金、秋枫、榕树、洒金变叶木、三角梅、珊瑚刺桐、铁冬青、万年麻、乌蔹、细叶萼距花、小蜡、小叶榄仁、杨梅、异叶地锦、银纹沿阶草、再力花、樟树、蜘蛛兰、朱蕉、朱槿、紫薇、棕竹
一环	樱花大道	大猪屎豆、鸡冠刺桐、蔓花生、珊瑚刺桐、钟花樱桃、猪屎豆
一环	四季花海	巴西野牡丹、非洲凌霄、凤凰木、黄花风铃木、金蒲桃、火焰树、蓝花楹、槭叶酒瓶树、三角梅、蚬木、紫花风铃木
一环	高峰阁	大叶钩藤、桂花、黄花风铃木、蓝花楹、楠藤、山茶花、山鸡椒、商陆、紫花风铃木、醉香含笑
一环	沿途路段	八角、白灰毛豆、碧桃、垂序商陆、大叶钩藤、大叶紫薇、钩吻、狗尾草、红花芦莉、红花羊蹄甲、葫芦茶、花叶艳山姜、黄花风铃木、灰毛大青、灰木莲、金毛狗、金色狗尾草、壳菜果、孔雀草、猫尾草、美花非洲芙蓉、木豆、千里光、三角梅、山鸡椒、水东哥、苏铁、糖蜜草、望江南、狭叶红紫珠、绣球花、艳芦莉、洋紫荆、仪花、珍珠相思树、中国无忧花、朱蕉、朱槿、猪屎豆、紫花风铃木、紫玉兰、棕叶芦、醉香含笑
二环线		白灰毛豆、白兰花、垂序商陆、大球油麻藤、大叶钩藤、大猪屎豆、观光木、红花羊蹄甲、金蒲桃、黄毛榕、灰木莲、假苹婆、金毛狗、麻竹、槭叶酒瓶树、山鸡椒、糖蜜草、田菁、团花、洋紫荆、柚木、朱槿、猪屎豆、醉香含笑

中文名索引

A

'矮'麦冬 …………………… 241
矮树蕨 ……………………… 025
矮沿阶草 …………………… 241
澳洲鸭脚木 ………………… 158

B

八角 ………………………… 039
八角茴香 …………………… 039
八仙花 ……………………… 107
巴豆 ………………………… 101
巴西莲子草 ………………… 055
巴西铁 ……………………… 262
巴西野牡丹 ………………… 088
巴西鸢尾 …………………… 259
白苞蒿 ……………………… 184
白背枫 ……………………… 163
白背郎德木 ………………… 179
白鹤芋 ……………………… 250
白花泡桐 …………………… 196
白花油麻藤 ………………… 130
白花醉鱼草 ………………… 163
白灰毛豆 …………………… 133
白兰 ………………………… 035
白兰花 ……………………… 035
白马骨 ……………………… 179
白木香 ……………………… 063
白千层 ……………………… 079
百香果 ……………………… 067
百子莲 ……………………… 253
半边旗 ……………………… 024
蚌兰 ………………………… 220
宝巾花 ……………………… 064
北越紫堇 …………………… 049
比氏刺桐 …………………… 129
笔管榕 ……………………… 145
闭鞘姜 ……………………… 226
蓖麻 ………………………… 104
碧桃 ………………………… 108
扁桃 ………………………… 156
波罗蜜 ……………………… 140
波叶玉簪 …………………… 239
菠萝蜜 ……………………… 140
驳骨丹 ……………………… 163
博白大果油茶 ……………… 071

C

彩叶草 ……………………… 217
草珊瑚 ……………………… 049
茶 …………………………… 075
茶梅 ………………………… 075
长春花 ……………………… 170
长隔木 ……………………… 176
长叶榕 ……………………… 142
常春藤 ……………………… 157
常绿重阳木 ………………… 099
常山 ………………………… 107
巢蕨 ………………………… 024
朝天罐 ……………………… 087
赪桐 ………………………… 210
赤苞花 ……………………… 206
赤杨叶 ……………………… 162
垂柳 ………………………… 138
垂序商陆 …………………… 054
垂叶榕 ……………………… 142
春羽 ………………………… 247
刺桫椤 ……………………… 021
刺桐 ………………………… 129
葱莲 ………………………… 257
翠芦莉 ……………………… 208
翠云草 ……………………… 018

D

'大佛肚'竹 ………………… 277
大果榕 ……………………… 141
大鹤望兰 …………………… 223
大花六道木 ………………… 181
大花马齿苋 ………………… 052
大花美人蕉 ………………… 228
大花紫薇 …………………… 061
大藻 ………………………… 248
大球油麻藤 ………………… 130
大王椰子 …………………… 269
大吴风草 …………………… 187
大叶钩藤 …………………… 180
大叶红草 …………………… 055
大叶榕 ……………………… 141
大猪屎豆 …………………… 125
带叶兜兰 …………………… 272
灯笼草 ……………………… 191
灯心草 ……………………… 274

灯芯草 ……………………… 274
地蒌 ………………………… 085
地稔 ………………………… 085
吊瓜树 ……………………… 201
吊兰 ………………………… 236
吊丝竹 ……………………… 278
东方香蒲 …………………… 252
冬红 ………………………… 213
杜鹃 ………………………… 161
杜鹃红山茶 ………………… 070
杜鹃叶山茶 ………………… 070
短萼仪花 …………………… 120
短穗鱼尾葵 ………………… 266
断肠草 ……………………… 164
多花野牡丹 ………………… 084
多裂棕竹 …………………… 269

F

番木瓜 ……………………… 068
番石榴 ……………………… 079
芳香万寿菊 ………………… 187
防城金花茶 ………………… 074
非洲凤仙花 ………………… 058
非洲凌霄 …………………… 202
非洲茉莉 …………………… 164
非洲天门冬 ………………… 233
粉黛乱子草 ………………… 283
粉单竹 ……………………… 275
粉绿狐尾藻 ………………… 063
粉美人蕉 …………………… 229
粉叶金花 …………………… 177
粉纸扇 ……………………… 177
风车草 ……………………… 274
风雨花 ……………………… 257
枫树 ………………………… 135
枫香树 ……………………… 135
缝线麻 ……………………… 263
凤凰木 ……………………… 119
'凤尾'竹 …………………… 276
凤眼蓝 ……………………… 242
凤眼莲 ……………………… 242
芙蓉菊 ……………………… 186
辐叶鹅掌柴 ………………… 158
福建茶 ……………………… 189
福建观音座莲 ……………… 019

富贵子 …………………… 162

G

橄榄 …………………… 152
刚竹 …………………… 279
高山榕 …………………… 141
格木 …………………… 119
宫粉羊蹄甲 …………………… 118
宫粉紫荆 …………………… 118
钩吻 …………………… 164
狗牙花 …………………… 173
构树 …………………… 140
骨碎补 …………………… 027
'挂绿'竹 …………………… 277
观光木 …………………… 038
光萼唇柱苣苔 …………………… 197
光桐 …………………… 106
光叶海桐 …………………… 066
广西杜鹃 …………………… 161
广州樱 …………………… 110
龟背竹 …………………… 246
'龟甲'冬青 …………………… 147
桂花 …………………… 167

H

海红豆 …………………… 113
海南菜豆树 …………………… 203
海南红豆 …………………… 131
海南龙血树 …………………… 261
海南蒲桃 …………………… 080
海桐 …………………… 066
海桐花 …………………… 066
海芋 …………………… 244
含笑 …………………… 036
含笑花 …………………… 036
含羞草 …………………… 116
旱伞草 …………………… 274
禾雀花 …………………… 130
禾叶山麦冬 …………………… 240
合果木 …………………… 035
合果芋 …………………… 251
荷花 …………………… 044
荷木 …………………… 076
黑桫椤 …………………… 022
红苞木 …………………… 137
红背桂 …………………… 102
红背山麻杆 …………………… 099
红边龙血树 …………………… 262
红草 …………………… 054
红豆蔻 …………………… 224
红粉扑花 …………………… 115
红枫 …………………… 153
红花风铃木 …………………… 199

红花檵木 …………………… 136
红花美人蕉 …………………… 227
红花羊蹄甲 …………………… 117
红花洋紫荆 …………………… 117
红花玉芙蓉 …………………… 196
红花玉蕊 …………………… 084
红花酢浆草 …………………… 057
红鸡蛋花 …………………… 172
红蕉 …………………… 221
红龙草 …………………… 055
红皮糙果茶 …………………… 071
红千层 …………………… 077
红绒球 …………………… 115
红叶乌桕 …………………… 101
红掌 …………………… 245
红椎 …………………… 139
红锥 …………………… 139
厚壳树 …………………… 190
狐尾天门冬 …………………… 234
葫芦茶 …………………… 133
槲蕨 …………………… 027
蝴蝶兰 …………………… 273
虎皮兰 …………………… 263
虎尾兰 …………………… 263
花菖蒲 …………………… 259
花桐木 …………………… 131
'花'孝顺竹 …………………… 276
'花叶'鹅掌柴 …………………… 158
花叶冷水花 …………………… 146
花叶良姜 …………………… 225
'花叶'山菅 …………………… 238
花叶艳山姜 …………………… 225
花烛 …………………… 245
华凤仙 …………………… 058
华山姜 …………………… 224
华盛顿蒲葵 …………………… 270
环翅马齿苋 …………………… 052
黄蝉 …………………… 168
黄菖蒲 …………………… 260
黄葛 …………………… 246
黄花风铃木 …………………… 198
黄花槐 …………………… 123
黄花夹竹桃 …………………… 173
黄花梨 …………………… 127
黄花酢浆草 …………………… 057
黄槐 …………………… 123
黄槐决明 …………………… 123
'黄金间碧'竹 …………………… 277
黄金蒲桃 …………………… 083
'黄金'榕 …………………… 144
黄金香柳 …………………… 078
黄金熊猫 …………………… 083
黄荆 …………………… 216

黄榄 …………………… 152
黄梁木 …………………… 178
黄毛榕 …………………… 143
黄皮 …………………… 150
黄素梅 …………………… 212
黄纹巨麻 …………………… 263
黄栀子 …………………… 175
幌伞枫 …………………… 157
灰莉 …………………… 164
灰毛大青 …………………… 210
灰木莲 …………………… 034
活血丹 …………………… 218
火力楠 …………………… 037
火炭母 …………………… 053
火焰花 …………………… 121
火焰兰 …………………… 273
火焰树 …………………… 204

J

鸡蛋果 …………………… 067
鸡蛋花 …………………… 172
鸡冠刺桐 …………………… 128
鸡冠花 …………………… 056
鸡皮果 …………………… 150
鸡爪槭 …………………… 153
基及树 …………………… 189
蕺菜 …………………… 048
夹竹桃 …………………… 171
假槟榔 …………………… 264
假地豆 …………………… 127
假蒟 …………………… 048
假连翘 …………………… 212
假蒌 …………………… 048
假苹婆 …………………… 092
假鹰爪 …………………… 040
尖齿臭茉莉 …………………… 211
尖叶杜英 …………………… 091
剑叶凤尾蕨 …………………… 023
江边刺葵 …………………… 268
江南卷柏 …………………… 018
姜花 …………………… 227
姜黄 …………………… 226
降香 …………………… 127
降香黄檀 …………………… 127
接骨草 …………………… 182
金苞花 …………………… 207
金边虎尾兰 …………………… 264
金花茶 …………………… 074
'金火炬'蝎尾蕉 …………………… 222
金毛狗 …………………… 020
金钮扣 …………………… 184
金蒲桃 …………………… 083
金钱蒲 …………………… 243

金山蒲桃 ……………… 081
金心巴西铁 …………… 262
金银花 ………………… 182
金英 …………………… 098
金樱子 ………………… 112
金钟藤 ………………… 192
锦绣杜鹃 ……………… 160
锦绣苋 ………………… 054
九层皮 ………………… 093
九里香 ………………… 151
韭莲 …………………… 257
酒瓶兰 ………………… 260
菊花 …………………… 186
巨麻 …………………… 263
聚花草 ………………… 219

K

壳菜果 ………………… 136
可爱花 ………………… 205
空心泡 ………………… 112
孔雀鹅掌柴 …………… 159
孔雀木 ………………… 159
孔雀竹芋 ……………… 230
扣树 …………………… 147
苦丁茶 ………………… 147
苦蘵 …………………… 191
阔叶半枝莲 …………… 052

L

辣木 …………………… 050
兰屿罗汉松 …………… 031
蓝花草 ………………… 208
蓝花丹 ………………… 189
蓝花楹 ………………… 200
狼尾草 ………………… 284
老人葵 ………………… 270
犁头草 ………………… 051
犁头尖 ………………… 252
莲 ……………………… 044
莲花 …………………… 044
莲雾 …………………… 082
裂叶牵牛 ……………… 194
凌霄 …………………… 197
柳树 …………………… 138
柳叶马鞭草 …………… 215
柳叶榕 ………………… 142
龙船花 ………………… 176
龙吐珠 ………………… 211
龙珠果 ………………… 067
芦荟 …………………… 232
芦竹 …………………… 280
轮叶蒲桃 ……………… 081
罗汉松 ………………… 032

裸花水竹叶 …………… 220
络石 …………………… 174
络石藤 ………………… 174
落羽杉 ………………… 030
旅人蕉 ………………… 223
绿巨人 ………………… 251
绿萝 …………………… 246
绿桐 …………………… 196

M

麻楝 …………………… 153
麻竹 …………………… 278
马兰 …………………… 185
马利筋 ………………… 175
马缨丹 ………………… 213
麦冬 …………………… 241
满天星 ………………… 059,179
蔓花生 ………………… 124
蔓马缨丹 ……………… 214
芒果 …………………… 155
杧果 …………………… 155
猫尾草 ………………… 134
猫须草 ………………… 217
毛杜鹃 ………………… 160
毛果杜英 ……………… 091
毛茛 …………………… 087
毛稔 …………………… 087
毛麝香 ………………… 195
美冠兰 ………………… 271
美花非洲芙蓉 ………… 096
美花石斛 ……………… 270
美丽异木棉 …………… 095
美丽针葵 ……………… 268
美人蕉 ………………… 230
美洲商陆 ……………… 054
米兰 …………………… 152
米老排 ………………… 136
茉莉花 ………………… 165
墨西哥鼠尾草 ………… 219
木菠萝 ………………… 140
木豆 …………………… 125
木芙蓉 ………………… 096
木瓜 …………………… 068
木荷 …………………… 076
木槿 …………………… 098
木兰花 ………………… 035
木棉 …………………… 094
木犀 …………………… 167
木油桐 ………………… 106

N

南方红豆杉 …………… 033
南方荬莶 ……………… 183

南美蟛蜞菊 …………… 188
南美天胡荽 …………… 159
南天竹 ………………… 047
南洋楹 ………………… 116
拟赤杨 ………………… 162
鸟巢蕨 ………………… 024
茑萝 …………………… 194
柠檬桉 ………………… 078

P

爬山虎 ………………… 149
排钱草 ………………… 132
排钱树 ………………… 132
泡桐 …………………… 196
炮仗花 ………………… 203
盆架树 ………………… 169
蓬莱松 ………………… 234
飘香藤 ………………… 170
苹婆 …………………… 093
破布叶 ………………… 090
铺地黄金 ……………… 124
菩提树 ………………… 145
蒲葵 …………………… 267
蒲桃 …………………… 081
蒲苇 …………………… 281
朴树 …………………… 139

Q

七爪龙 ………………… 193
槭叶酒瓶树 …………… 092
千层金 ………………… 078
千里光 ………………… 188
千年木 ………………… 262
千年桐 ………………… 106
牵牛 …………………… 194
琴叶珊瑚 ……………… 103
青葙 …………………… 055
秋枫 …………………… 099

R

人面子 ………………… 155
仁面果 ………………… 155
忍冬 …………………… 182
日本女贞 ……………… 165
榕树 …………………… 144
柔毛齿叶睡莲 ………… 046
肉桂 …………………… 042
软枝黄蝉 ……………… 168

S

洒金变叶木 …………… 100
三尖叶猪屎豆 ………… 126
三角梅 ………………… 064

三裂蟛蜞菊…………187
三年桐…………106
三药槟榔…………265
散尾葵…………267
砂仁…………225
山白兰…………035
山苍子…………042
山茶…………072
山黄皮…………150
山鸡椒…………042
山菅…………238
山菅兰…………238
山牵牛…………209
山乌桕…………105
山猪菜…………195
杉木…………029
珊瑚刺桐…………129
珊瑚树…………183
肾茶…………217
肾蕨…………026
狮子尾…………249
石菖蒲…………243
石柑子…………249
石榴…………062
石竹…………051
使君子…………089
匙叶黄杨…………137
双荚决明…………122
水东哥…………076
水浮莲…………247
水鬼蕉…………255
水葫芦…………242
水锦树…………181
水蒲桃…………081
水生美人蕉…………229
水翁…………082
水翁蒲桃…………082
丝葵…………270
四季秋海棠…………068
松叶武竹…………234
苏丹凤仙花…………058
苏铁…………028
蒜香藤…………201
桫椤…………021
梭鱼草…………242

T

胎生狗脊…………025
台琼海桐…………065
台湾狗脊蕨…………025
台湾海桐…………065
台湾黄堇…………049
泰竹…………279

檀香…………148
糖胶树…………169
糖蜜草…………282
桃…………108
桃金娘…………080
天门冬…………233
天桃木…………156
田菁…………132
甜杨桃…………056
铁冬青…………148
铁力木…………090
铁皮石斛…………271
土沉香…………063
土人参…………053
团花…………178

W

弯蕊开口箭…………235
万年麻…………263
王棕…………269
望江南…………122
威灵仙…………043
文定果…………091
文殊兰…………254
文心兰…………272
乌桕…………105
乌蕨…………023
乌饭莓…………149
乌墨…………080
无刺仙人掌…………069
无忧花…………121
五彩苏…………217
五角枫…………154
五角槭…………154
五色梅…………213
五星花…………178
五爪金龙…………193

X

希茉莉…………176
喜花草…………205
细叶萼距花…………059
细叶粉扑花…………114
细叶黄皮…………150
'细叶'芒…………282
细长马鞭草…………216
虾衣花…………205
狭叶红紫珠…………209
仙羽蔓绿绒…………248
显脉金花茶…………071
香菇草…………159
香蕉…………222
香龙血树…………262

香蒲…………252
香睡莲…………045
香樟…………041
香子含笑…………036
香籽含笑…………036
香籽楠…………036
橡胶榕…………143
橡皮榕…………143
小果油茶…………073
小花红花荷…………137
小花龙血树…………261
小花山小橘…………151
小蜡…………166
'小琴丝'竹…………276
小天使喜林芋…………247
小叶红叶藤…………156
小叶榄仁…………089
小叶罗汉松…………032
小叶米仔兰…………152
小叶榕…………144
小叶紫薇…………060
辛夷…………038
雄黄兰…………258
袖珍椰…………266
袖珍椰子…………266
绣球…………107
绣球花…………107
萱草…………239
雪花木…………100

Y

鸭脚艾…………184
亚里垂榕…………142
胭脂掌…………069
艳锦竹芋…………231
羊角菜…………122
羊蹄甲…………117
阳桃…………056
杨梅…………138
杨桃…………056
洋金凤…………118
洋蒲桃…………082
洋紫荆…………118
野蕉…………221
野菊…………185
野牡丹…………085
野芋…………245
射干…………258
叶子花…………064
夜合花…………033
夜来香…………191
夜香木兰…………033
夜香树…………191

一叶兰 ………………… 235
异叶地锦 ……………… 149
异叶南洋杉 …………… 028
阴香 …………………… 041
'银纹'沿阶草 ………… 240
银叶金合欢 …………… 113
银叶郎德木 …………… 179
印度榕 ………………… 143
印度橡胶树 …………… 143
映山红 ………………… 161
硬骨凌霄 ……………… 204
油茶 …………………… 073
油甘果 ………………… 104
油桐 …………………… 106
疣茎乌毛蕨 …………… 025
柚木 …………………… 215
余甘子 ………………… 104
鱼尾葵 ………………… 265
鱼腥草 ………………… 048
禺毛茛 ………………… 043
羽毛枫 ………………… 154
羽毛槭 ………………… 154
玉桂 …………………… 042
玉龙草 ………………… 241
玉叶金花 ……………… 177

鸳鸯茉莉 ……………… 190
圆盖阴石蕨 …………… 027
圆叶节节菜 …………… 062
月季 …………………… 111
月季花 ………………… 111
越南抱茎茶 …………… 069

Z

再力花 ………………… 232
展毛野牡丹 …………… 086
樟 ……………………… 041
樟树 …………………… 041
珍珠罗汉松 …………… 032
珍珠相思树 …………… 113
栀子 …………………… 175
蜘蛛抱蛋 ……………… 235
蜘蛛兰 ………………… 255
中国无忧花 …………… 121
中华槭 ………………… 154
柊叶 …………………… 231
钟花樱桃 ……………… 109
皱桐 …………………… 106
朱唇 …………………… 218
朱顶红 ………………… 254
朱蕉 …………………… 237

朱槿 …………………… 097
朱砂根 ………………… 162
朱缨花 ………………… 115
珠芽狗脊 ……………… 025
猪屎豆 ………………… 126
竹柏 …………………… 031
紫杯苋 ………………… 055
紫背万年青 …………… 220
紫背栉花竹芋 ………… 231
紫花地丁 ……………… 051
紫花风铃木 …………… 199
紫娇花 ………………… 256
紫锦木 ………………… 101
紫茉莉 ………………… 065
紫藤 …………………… 135
紫薇 …………………… 060
紫羊蹄甲 ……………… 117
'紫叶'狼尾草 ………… 283
紫叶异狼尾草 ………… 283
紫玉兰 ………………… 038
棕竹 …………………… 268
醉香含笑 ……………… 037
醉鱼草 ………………… 163
酢浆草 ………………… 057

拉丁学名索引

A

Abelia × grandiflora ·············· 181
Acacia podalyriifolia ·············· 113
Acer palmatum ····················· 153
Acer palmatum 'Dissectum' ······ 154
Acer sinense ······················· 154
Acmella paniculata ················ 184
Acorus gramineus ·················· 243
Adenanthera microsperma ········· 113
Adenosma glutinosum ·············· 195
Agapanthus africanus ·············· 253
Aglaia odorata var. microphyllina ·· 152
Alchornea trewioides ··············· 099
Allamanda cathartica ·············· 168
Allamanda schottii ················· 168
Alniphyllum fortunei ··············· 162
Alocasia odora ····················· 244
Aloe vera ·························· 232
Alpinia galanga ···················· 224
Alpinia oblongifolia ··············· 224
Alpinia zerumbet 'Variegata' ····· 225
Alsophila spinulosa ················ 021
Alstonia scholaris ·················· 169
Alternanthera bettzickiana ········· 054
Alternanthera brasiliana ············ 055
Amomum villosum ·················· 225
Amygdalus persica ·················· 108
Angiopteris fokiensis ··············· 019
Anthurium andraeanum ············· 245
Aquilaria sinensis ·················· 063
Arachis duranensis ················· 124
Araucaria heterophylla ············· 028
Archontophoenix alexandrae ······· 264
Ardisia crenata ···················· 162
Areca triandra ····················· 265
Artemisia lactiflora ················ 184
Artocarpus heterophyllus ··········· 140
Arundo donax ······················ 280
Asclepias curassavica ·············· 175
Asparagus cochinchinensis ·········· 233
Asparagus densiflorus ·············· 233
Asparagus densiflorus 'Myersii' ··· 234
Asparagus myriocladus ············· 234
Aspidistra elatior ·················· 235
Asplenium nidus ···················· 024
Aster indicus ······················· 185
Averrhoa carambola ················ 056

B

Bambusa chungii ··················· 275
Bambusa multiplex 'Alphonse-Karr'
·· 276
Bambusa multiplex 'Fernleaf' ······ 276
Bambusa vulgaris 'Vittata' ········· 277
Bambusa vulgaris 'Wamin' ········· 277
Barringtonia acutangula ············ 084
Bauhinia blakeana ·················· 117
Bauhinia purpurea ·················· 117
Bauhinia variegate ················· 118
Beaucarnea recurvata ·············· 260
Begonia cucullata ·················· 068
Bischofia javanica ·················· 099
Blechnum gibbum ·················· 025
Bombax ceiba ······················ 094
Bougainvillea spectabilis ··········· 064
Brachychiton acerifolius ············ 092
Breynia nivosa ····················· 100
Broussonetia papyrifera ············ 140
Brunfelsia brasiliensis ·············· 190
Buddleja asiatica ··················· 163
Buddleja lindleyana ················ 163
Buxus harlandii ···················· 137

C

Caesalpinia pulcherrima ············ 118
Cajanus cajan ······················ 125
Calathea makoyana ················ 230
Calliandra brevipes ················ 114
Calliandra haematocephala ········· 115
Calliandra tergemina var. emarginata
·· 115
Callicarpa rubella f. angustata ······ 209
Callistemon rigidus ················· 077
Camellia amplexicaulis ············· 069
Camellia azalea ···················· 070
Camellia crapnelliana ·············· 071
Camellia euphlebia ················· 071
Camellia japonica ·················· 072
Camellia oleifera ··················· 073
Camellia petelotii ·················· 074
Camellia sasanqua ················· 075
Camellia sinensis ··················· 075
Campsis grandiflora ················ 197
Campylandra wattii ················ 235
Canarium album ···················· 152
Canna × generalis ················· 228
Canna coccinea ····················· 227
Canna glauca ······················ 229
Canna indica ······················· 230
Carica papaya ····················· 068
Carmona microphylla ·············· 189
Caryota maxima ···················· 265
Caryota mitis ······················ 266
Castanopsis hystrix ················· 139

Catharanthus roseus ················ 170
Cayratia japonica ·················· 149
Ceiba speciosa ····················· 095
Celosia argentea ··················· 055
Celosia cristata ···················· 056
Celtis sinensis ····················· 139
Cerasus campanulata ··············· 109
Cestrum nocturnum ················· 191
Chamaedorea elegans ·············· 266
Cheilocostus speciosus ············· 226
Chirita anachoreta ················· 197
Chlorophytum comosum ············· 236
Chrysanthemum indicum ············ 185
Chrysanthemum morifolium ········· 186
Chukrasia tabularis ················ 153
Cibotium barometz ················· 020
Cinnamomum burmannii ············ 041
Cinnamomum camphora ············· 041
Cinnamomum cassia ················ 042
Clausena anisum-olens ············· 150
Clausena lansium ··················· 150
Clematis chinensis ·················· 043
Clerodendranthus spicatus ·········· 217
Clerodendrum canescens ············ 210
Clerodendrum japonicum ··········· 210
Clerodendrum lindleyi ·············· 211
Clerodendrum thomsoniae ··········· 211
Codiaeum variegatum 'Aucbifolium'
·· 100
Coleus scutellarioides ·············· 217
Colocasia esculentum var. antiquorum
·· 245
Cordyline fruticosa ················· 237
Cortaderia selloana ················ 281
Corydalis balansae ················· 049
Crinum asiaticum var. sinicum ······ 254
Crocosmia × crocosmiiflora ········· 258
Crossostephium chinense ············ 186
Crotalaria assamica ················ 125
Crotalaria micans ·················· 126
Crotalaria pallida ·················· 126
Croton tiglium ····················· 101
Ctenanthe oppenheimiana ··········· 231
Cunninghamia lanceolata ··········· 029
Cuphea hyssopifolia ················ 059
Curcuma longa ····················· 226
Cycas revolute ····················· 028
Cyperus involucratus ··············· 274

D

Dalbergia odorifera ················· 127
Decalobanthus boisianus ············ 192

Delonix regia ·················· 119
Dendrobium loddigesii ·················· 270
Dendrobium officinale ·················· 271
Dendrocalamus latiflorus ·················· 278
Dendrocalamus minor ·················· 278
Desmodium heterocarpon ·················· 127
Desmos chinensis ·················· 040
Dianella ensifolia ·················· 238
Dianella tasmanica 'Variegata' ····· 238
Dianthus chinensis ·················· 051
Dichroa febrifuga ·················· 107
Dombeya burgessiae ·················· 096
Dracaena cambodiana ·················· 261
Dracaena fragrans ·················· 262
Dracaena marginata ·················· 262
Dracontomelon duperreanum ····· 155
Drynaria roosii ·················· 027
Duranta erecta ·················· 212
Dypsis lutescens ·················· 267

E
Ehretia acuminate ·················· 190
Eichhornia crassipes ·················· 242
Elaeocarpus rugosus ·················· 091
Epipremnum aureum ·················· 246
Eranthemum pulchellum ·················· 205
Erythrina × *bidwillii* ·················· 129
Erythrina crista-galli ·················· 128
Erythrina variegata ·················· 129
Erythrophleum fordii ·················· 119
Eucalyptus citriodora ·················· 078
Eulophia graminea ·················· 271
Euphorbia cotinifolia ·················· 101
Excoecaria cochinchinensis ·················· 102

F
Fagraea ceilanica ·················· 164
Falcataria falcate ·················· 116
Farfugium japonicum ·················· 187
Ficus altissima ·················· 141
Ficus auriculata ·················· 141
Ficus benjamina ·················· 142
Ficus binnendijkii ·················· 142
Ficus elastica ·················· 143
Ficus esquiroliana ·················· 143
Ficus microcarpa ·················· 144
Ficus microcarpa 'Golden Leaves' ··· 144
Ficus religiosa ·················· 145
Ficus subpisocarpa ·················· 145
Floscopa scandens ·················· 219
Furcraea foetida ·················· 263

G
Galphimia gracilis ·················· 098
Gardenia jasminoides ·················· 175
Gelsemium elegans ·················· 164
Glechoma longituba ·················· 218
Glycosmis parviflora ·················· 151
Gymnosphaera podophylla ·················· 022

H
Hamelia patens ·················· 176
Handroanthus chrysanthus ·················· 198
Handroanthus impetiginosus ·················· 199
Hedera nepalensis var. *sinensis* ····· 157
Hedychium coronarium ·················· 227
Heliconia psittacorum 'Golden torch' ·················· 222
Hemerocallis fulva ·················· 239
Heteropanax fragrans ·················· 157
Hibiscus mutabilis ·················· 096
Hibiscus rosa-sinensis ·················· 097
Hibiscus syriacus ·················· 098
Hippeastrum rutilum ·················· 254
Holmskioldia sanguinea ·················· 213
Hosta undulate ·················· 239
Houttuynia cordata ·················· 048
Humata tyermannii ·················· 027
Hydrangea macrophylla ·················· 107
Hydrocotyle verticillata ·················· 159
Hymenocallis littoralis ·················· 255

I
Ilex crenata 'Convexa' ·················· 147
Ilex kaushue ·················· 147
Ilex rotunda ·················· 148
Illicium verum ·················· 039
Impatiens chinensis ·················· 058
Impatiens walleriana ·················· 058
Ipomoea cairica ·················· 193
Ipomoea mauritiana ·················· 193
Ipomoea nil ·················· 194
Ipomoea quamoclit ·················· 194
Iris domestica ·················· 258
Iris ensata var. *hortensis* ·················· 259
Iris gracilis ·················· 259
Iris pseudacorus ·················· 260
Ixora chinensis ·················· 176

J
Jacaranda mimosifolia ·················· 200
Jasminum sambac ·················· 165
Jatropha integerrima ·················· 103
Juncus effusus ·················· 274
Justicia brandegeeana ·················· 205

K
Kigelia africana ·················· 201

L
Lagerstroemia indica ·················· 060
Lagerstroemia speciosa ·················· 061
Lantana camara ·················· 213
Lantana montevidensis ·················· 214
Leucophyllum frutescens ·················· 196
Ligustrum japonicum ·················· 165
Ligustrum sinense ·················· 166
Liquidambar formosana ·················· 135
Lirianthe coco ·················· 033
Liriope graminifolia ·················· 240

Litsea cubeba ·················· 042
Livistona chinensis ·················· 267
Lonicera japonica ·················· 182
Loropetalum chinense var. *rubrum* ··· 136
Lysidice brevicalyx ·················· 120

M
Manglietia glauca ·················· 034
Mandevilla laxa ·················· 170
Mangifera indica ·················· 155
Mangifera persiciforma ·················· 156
Mansoa alliacea ·················· 201
Megaskepasma erythrochlamys ·················· 206
Melaleuca bracteata 'Revolution Gold' ·················· 078
Melaleuca cajuputi subsp. *cumingiana* ·················· 079
Melastoma affine ·················· 084
Melastoma dodecandrum ·················· 085
Melastoma malabathricum ·················· 085
Melastoma normale ·················· 086
Melastoma sanguineum ·················· 087
Melinis minutifora ·················· 282
Merremia umbellata var. *orientalis* · 195
Mesua ferrea ·················· 090
Michelia alba ·················· 035
Michelia baillonii ·················· 035
Michelia figo ·················· 036
Michelia gioii ·················· 036
Michelia macclurei ·················· 037
Michelia odora ·················· 038
Microcos paniculata ·················· 090
Mimosa pudica ·················· 116
Mirabilis jalapa ·················· 065
Miscanthus sinensis 'Gracillimus' · 282
Monstera deliciosa ·················· 246
Moringa oleifera ·················· 050
Mucuna birdwoodiana ·················· 130
Mucuna macrobotrys ·················· 130
Muhlenbergia capillaris ·················· 283
Muntingia calabura ·················· 091
Murdannia nudiflora ·················· 220
Murraya exotica ·················· 151
Musa balbisiana ·················· 221
Musa coccinea ·················· 221
Musa nana ·················· 222
Mussaenda 'Alicia' ·················· 177
Mussaenda pubescens ·················· 177
Myrica rubra ·················· 138
Myriophyllum aquaticum ·················· 063
Mytilaria laosensis ·················· 136

N
Nageia nagi ·················· 031
Nandina domestica ·················· 047
Nelumbo nucifera ·················· 044
Neolamarckia cadamba ·················· 178
Nephrolepis cordifolia ·················· 026
Nerium oleander ·················· 171
Nymphaea odorata ·················· 045

Nymphaea pubescens ⋯⋯⋯⋯ 046

O

Odontosoria chinensis ⋯⋯⋯ 023
Oncidium spp. ⋯⋯⋯⋯ 272
Ophiopogon intermedius 'Argenteo-marginatus' ⋯⋯ 240
Ophiopogon japonicus ⋯⋯⋯ 241
Ophiopogon japonicus 'Kyoto' 241
Opuntia cochinellifera ⋯⋯ 069
Ormosia henryi ⋯⋯⋯⋯ 131
Ormosia pinnata ⋯⋯⋯⋯ 131
Osbeckia opipara ⋯⋯⋯⋯ 087
Osmanthus fragrans ⋯⋯⋯ 167
Oxalis corniculata ⋯⋯⋯ 057
Oxalis corymbosa ⋯⋯⋯⋯ 057

P

Pachystachys lutea ⋯⋯⋯⋯ 207
Paphiopedilum hirsutissimum ⋯⋯ 272
Parthenocissus dalzielii ⋯⋯ 149
Passiflora edulis ⋯⋯⋯⋯ 067
Passiflora foetida ⋯⋯⋯⋯ 067
Paulownia fortunei ⋯⋯⋯ 196
Pennisetum × *advena* 'Rubrum' ⋯ 283
Pennisetum alopecuroides ⋯⋯ 284
Pentas lanceolata ⋯⋯⋯⋯ 178
Phalaenopsis aphrodite ⋯⋯ 273
Philodendron selloum ⋯⋯⋯ 247
Philodendron xanadu ⋯⋯⋯ 248
Phoenix roebelenii ⋯⋯⋯⋯ 268
Phrynium rheedei ⋯⋯⋯⋯ 231
Phyllanthus emblica ⋯⋯⋯ 104
Phyllodium pulchellum ⋯⋯ 132
Phyllostachys sulphurea var. *viridis* ⋯ 279
Physalis angulata ⋯⋯⋯⋯ 191
Phytolacca americana ⋯⋯⋯ 054
Pilea cadierei ⋯⋯⋯⋯ 146
Piper sarmentosum ⋯⋯⋯ 048
Pistia stratiotes ⋯⋯⋯⋯ 248
Pittosporum pentandrum var. *formosanum* ⋯⋯ 065
Pittosporum tobira ⋯⋯⋯ 066
Plumbago auriculata ⋯⋯⋯ 189
Plumeria rubra ⋯⋯⋯⋯ 172
Plumeria rubra 'Acutifolia' ⋯⋯ 172
Podocarpus costalis ⋯⋯⋯ 031
Podocarpus macrophyllus ⋯⋯ 032
Podocarpus wangii ⋯⋯⋯ 032
Podranea ricasoliana ⋯⋯ 202
Polygonum chinense ⋯⋯⋯ 053
Pontederia cordata ⋯⋯⋯ 242
Portulaca grandiflora ⋯⋯ 052
Portulaca umbraticola ⋯⋯ 052
Pothos chinensis ⋯⋯⋯⋯ 249
Prunus 'Canton' ⋯⋯⋯⋯ 110
Psidium guajava ⋯⋯⋯⋯ 079
Pteris ensiformis ⋯⋯⋯⋯ 023
Pteris semipinnata ⋯⋯⋯ 024
Punica granatum ⋯⋯⋯⋯ 062

Pyrostegia venusta ⋯⋯⋯⋯ 203

Q

Quisqualis indica ⋯⋯⋯⋯ 089

R

Radermachera hainanensis ⋯⋯ 203
Ranunculus cantoniensis ⋯⋯ 043
Ravenala madagascariensis ⋯⋯ 223
Renanthera coccinea ⋯⋯⋯ 273
Rhaphidophora hongkongensis ⋯⋯ 249
Rhapis excelsa ⋯⋯⋯⋯ 268
Rhapis multifida ⋯⋯⋯⋯ 269
Rhododendron pulchrum ⋯⋯ 160
Rhododendron kwangsiense ⋯⋯ 161
Rhododendron simsii ⋯⋯⋯ 161
Rhodoleia parvipetala ⋯⋯⋯ 137
Rhodomyrtus tomentosa ⋯⋯ 080
Ricinus communis ⋯⋯⋯⋯ 104
Rondeletia leucophylla ⋯⋯ 179
Rosa chinensis ⋯⋯⋯⋯ 111
Rosa laevigata ⋯⋯⋯⋯ 112
Rotala rotundifolia ⋯⋯⋯ 062
Rourea microphylla ⋯⋯⋯ 156
Roystonea regia ⋯⋯⋯⋯ 269
Rubus rosifolius ⋯⋯⋯⋯ 112
Ruellia simplex ⋯⋯⋯⋯ 208

S

Salix babylonica ⋯⋯⋯⋯ 138
Salvia coccinea ⋯⋯⋯⋯ 218
Salvia leucantha ⋯⋯⋯⋯ 219
Sambucus javanica ⋯⋯⋯ 182
Sansevieria trifasciata ⋯⋯ 263
Sansevieria trifasciata var. *laurentii* ⋯ 264
Santalum album ⋯⋯⋯⋯ 148
Saraca dives ⋯⋯⋯⋯ 121
Sarcandra glabra ⋯⋯⋯⋯ 049
Saurauia tristyla ⋯⋯⋯⋯ 076
Schefflera actinophylla ⋯⋯ 158
Schefflera arboricola 'Variegata' ⋯ 158
Schefflera elegantissima ⋯⋯ 159
Schima superba ⋯⋯⋯⋯ 076
Selaginella moellendorffii ⋯⋯ 018
Selaginella uncinata ⋯⋯⋯ 018
Senecio scandens ⋯⋯⋯⋯ 188
Senna bicapsularis ⋯⋯⋯ 122
Senna occidentalis ⋯⋯⋯ 122
Senna surattensis ⋯⋯⋯⋯ 123
Serissa serissoides ⋯⋯⋯ 179
Sesbania cannabina ⋯⋯⋯ 132
Spathiphyllum 'Sensation' ⋯⋯ 251
Spathiphyllum kochii ⋯⋯⋯ 250
Spathodea campanulata ⋯⋯ 204
Sphagneticola trilobata ⋯⋯ 188
Sterculia lanceolata ⋯⋯⋯ 092
Sterculia monosperma ⋯⋯ 093
Strelitzia nicolai ⋯⋯⋯⋯ 223
Syngonium podophyllum ⋯⋯ 251
Syzygium cumini ⋯⋯⋯⋯ 080

Syzygium grijsii ⋯⋯⋯⋯ 081
Syzygium jambos ⋯⋯⋯⋯ 081
Syzygium nervosum ⋯⋯⋯ 082
Syzygium samarangense ⋯⋯ 082

T

Tabernaemontana divaricata ⋯⋯ 173
Tadehagi triquetrum ⋯⋯⋯ 133
Tagetes lemmonii ⋯⋯⋯⋯ 187
Talinum paniculatum ⋯⋯⋯ 053
Taxodium distichum ⋯⋯⋯ 030
Taxus wallichiana var. *mairei* ⋯ 033
Tecoma capensis ⋯⋯⋯⋯ 204
Tectona grandis ⋯⋯⋯⋯ 215
Tephrosia candida ⋯⋯⋯ 133
Terminalia neotaliala ⋯⋯⋯ 089
Thalia dealbata ⋯⋯⋯⋯ 232
Thevetia peruviana ⋯⋯⋯ 173
Thunbergia grandiflora ⋯⋯ 209
Thyrsostachys siamensis ⋯⋯ 279
Tibouchina semidecandra ⋯⋯ 088
Trachelospermum jasminoides ⋯⋯ 174
Tradescantia spathacea ⋯⋯ 220
Triadica cochinchinensis ⋯⋯ 105
Triadica sebifera ⋯⋯⋯⋯ 105
Tulbaghia violacea ⋯⋯⋯ 256
Typha orientalis ⋯⋯⋯⋯ 252
Typhonium blumei ⋯⋯⋯ 252

U

Uncaria macrophylla ⋯⋯⋯ 180
Uraria crinita ⋯⋯⋯⋯ 134

V

Verbena bonariensis ⋯⋯⋯ 215
Verbena rigida ⋯⋯⋯⋯ 216
Vernicia fordii ⋯⋯⋯⋯ 106
Vernicia montana ⋯⋯⋯⋯ 106
Viburnum fordiae ⋯⋯⋯⋯ 183
Viburnum odoratissimum ⋯⋯ 183
Viola philippica ⋯⋯⋯⋯ 051
Vitex negundo ⋯⋯⋯⋯ 216

W

Washingtonia filifera ⋯⋯⋯ 270
Wendlandia uvariifolia ⋯⋯ 181
Wisteria sinensis ⋯⋯⋯⋯ 135
Woodwardia prolifera ⋯⋯ 025

X

Xanthostemon chrysanthus ⋯⋯ 083

Y

Yulania liliiflora ⋯⋯⋯⋯ 038

Z

Zephyranthes candida ⋯⋯⋯ 257
Zephyranthes carinata ⋯⋯⋯ 257